레시피팩토리는 행복 레시피를
만드는 감성 공작소입니다.
레시피팩토리는 모호함으로 가득한
세상 속에서 당신의 작은 행복을 위한
간결한 레시피가 되겠습니다.

〈수퍼레시피〉 애독자들이 직접 따라 해보고 고른
보물 같은 레시피들, 이제 따라 해볼까요?

월간 〈수퍼레시피〉 애독자들이 직접 따라 해보고 고른

나의
보물
레시피 2탄

레시피팩토리

따라 하는 마니아가 많은 요리잡지 〈수퍼레시피〉에서 고르고 고른 보물 같은 레시피 181가지

통권 100호를 맞은 요리잡지 〈수퍼레시피〉

2016년 3월호로 〈수퍼레시피〉가 통권 100호를 맞았습니다.
왕초보도 그대로 따라 하면 성공하는 정교한 레시피 잡지를
만들겠다는 각오로, 창간 첫 호를 준비했던 기억이 생생한데
벌써 100호라니! 참으로 감회가 새롭습니다. 또한 이처럼 의미
있는 시기에 〈수퍼레시피〉 베스트를 모은 〈나의 보물 레시피〉
2탄도 출간하게 되어 더없이 기쁘네요. 저희가 여기까지
올 수 있었던 것은 한 권 한 권 출간할 때마다 날카로운 지적과
열렬한 응원을 아끼지 않으며 초심을 잃지 않도록 이끌어준
많은 애독자님들 덕분입니다. 언제나 깊이 감사 드립니다.

〈수퍼레시피〉는 창간 첫 호부터 주목을 받았습니다.
일반 출판사가 아닌 메뉴 개발 전문회사 ㈜레시피팩토리에서
자체 개발한 차별화된 레시피를 소개하고, 이중 삼중의
레시피 검증 절차를 거쳤으며, 장볼 때 가져갈 수 있는
핸디한 사이즈와 모바일 메뉴 검색 기능, 온라인 애독자 카페를
통한 A/S 서비스 등 기존 요리잡지에서 볼 수 없었던,
진정으로 따라 하는 요리잡지로서의 면모를 갖추고 있었기
때문입니다. 그래서인지 〈수퍼레시피〉는 따라 하는 마니아가
유독 많은 요리잡지로 성장해 나갔습니다.

수퍼레시피 베스트를 묶은 〈나의 보물 레시피〉 시리즈

〈수퍼레시피〉를 펼쳐보면 레시피 중 일부에 'Don't Miss
(놓치지 마세요)' 아이콘이 붙어 있는 것을 볼 수 있습니다.
레시피 사전 검증에서 독자님들에게 특히 높은 점수를 받은

것들이지요. 온라인 애독자 카페에는 레시피 후기마다
독자님들이 매겨준 별점이 있습니다. 주관적인 별점이지만,
어떤 메뉴를 따라 할지 정할 때 아주 요긴한 정보로 활용된다고
독자님들은 말씀하십니다. 물론 저희도 이러한 평가들을
보면서 메뉴 기획과 조리법 개발에 활용하고 있답니다.

이렇게 따라 하는 독자님들의 풍부한 후기들을 보고는
이전 〈수퍼레시피〉가 없는 분들이 베스트 레시피만을
묶어 한 권의 책으로 출간해달라는 요청들이 이어지기
시작했습니다. 2011년, 저희는 〈수퍼레시피〉를
적극적으로 따라 하는 애독자 30분을 모시고 1~40호까지
〈수퍼레시피〉에서 베스트 레시피를 뽑았습니다.
여기에 그간 온라인 애독자 카페에서 높은 점수를 받았던
완소 메뉴들까지 더해 〈나의 보물 레시피〉 1탄을 출간했습니다.
이 책은 '정말 보물 같은 요리책'이라는 평가를 받으며
출간 즉시 베스트셀러에 올라 큰 사랑을 받았습니다.

이번 2탄은 1탄에 이어 41~80호까지 〈수퍼레시피〉 중에서
베스트 레시피를 골라 한 권으로 묶었습니다.
역시 30분의 애독자 선정단이 함께 메뉴를 골라주셨습니다.
또한 더욱 활발해진 온라인 애독자 카페에 올라온 후기들도
꼼꼼히 검토해 메뉴를 고르고 또 골랐습니다.
모두 다 독자님들에게 큰 사랑을 받았던 메뉴들이니,
맘껏 활용하시기 바랍니다. 1탄에 비해 훨씬 더
손쉬운 메뉴들이 많으니 활용도가 아주 높을 겁니다.

따라 할 가치가 있는 레시피팩토리의 요리잡지와 요리책

요즘 인터넷, 모바일, 방송 등에서 정말 많은 레시피들이
쏟아져 나옵니다. 그중 따라 한 이들이 아주 만족했을 법한
레시피는 얼마나 될까요? 물론 아주 간단한 음식들은
괜찮겠지만, 디테일이 맛과 식감을 좌우하는 메뉴의 경우
대략적인 계량과 조리법을 따라 했다간 실패하기 십상입니다.
식재료와 조리시간의 투자, 맛있는 음식을 기대하는
가족들을 생각한다면, 이제 따라 할 만한 가치가 있는,
믿을 수 있는 레시피를 골라야 합니다.

레시피팩토리는 독자님들과 호흡하며 진정으로
따라 할 만한 가치가 있는 레시피만 담은 요리잡지,
요리책을 만들고 있다고 자부합니다. 특히 〈나의 보물 레시피〉
시리즈는 이미 독자님들에게 검증 받은 것들이니,
모두 따라 할 만한 가치가 충분할 겁니다.

마지막으로 이 책의 독자 선정단으로 참여해주신 애독자
30분께 감사의 마음을 전합니다. 덕분에 또 한 권의 알토란
같은 요리책을 만들 수 있었습니다. 다시 한번 감사 드립니다.

레시피팩토리 편집장   박성주

3

보물 레시피를
골라준 애독자 선정단을
소개합니다

1 강우경(우동이)

〈수퍼레시피〉 안에는 팔도음식, 근사한 맛집 요리, 친정엄마표 음식이 모두 있지요. 이러한 맛을 따라갈 수 있을 만큼 근사하고, 영양 가득 맛있는 레시피가 가득해요. 〈수퍼레시피〉만 따라 하면, 우리 집 식탁도 근사한 레스토랑이 되지요.

2 공예진(하얀여우)

다양한 음식을 좋아하는 은근 입맛 까다로운 남편을 위해 요리책, TV요리 프로그램 등을 보다가 〈수퍼레시피〉가 있다는 걸 알고 정기구독했죠. 매월 나오는 제철 식재료를 이용하거나 요즘 핫한 메뉴들을 접하면서 우리 집 밥상의 일등 공신이 되었답니다.

3 곽신영(하민맘)

창간호부터 함께 해 온 〈수퍼레시피〉 덕분에, 이젠 부엌에서 요리하는 것이 무섭거나 두렵지 않게 되었어요. '오늘 뭐 먹지?' 하고 고민하면서 〈수퍼레시피〉를 펼쳐 보면, 식구들 모두 좋아할 만한 메뉴가 꼭 있거든요.

4 김소영(은지우)

〈나의 보물 레시피〉 1탄에 이어 2탄에도 독자 선정단으로 참여할 수 있게 되어 매우 기뻐요. 앞으로도 독자들과 소통하는 〈나의 보물 레시피〉 3, 4, 5탄이 계속 출간되기를 기대하며, 모든 주부들에게 보물 같은 책이 되기를 바랍니다.

5 김우리(kwr409)

〈수퍼레시피〉는 정말 저희 집 밥상을 해결해주는 보물지도 같은 책이에요. 가족들 모두 맛있다고 해주고, 저의 음식솜씨에 작은 자신감을 불어 넣어준 고마운 친구예요. 〈나의 보물 레시피〉 작업에 참여하게 되어 정말 영광입니다.

6 김형신(사브리나)

여행지에서 알게 된 외국인 친구들에게 한국 음식을 불고기와 비빔밥이 전부가 아니다! 라는 것을 보여주고 싶었어요. 〈수퍼레시피〉 덕분에 친구들과의 모임에서 제가 만든 음식은 언제나 인기 만점! 제철 식재료를 활용한 요리들이 많아 우리나라 음식의 다양한 맛과 멋을 알릴 수 있어 좋아요.

7 노은지(zaya)

결혼하기 얼마 전 알게 되어 지금까지 우리 집 밥상을 책임지고 있는 〈수퍼레시피〉. 8년 전에도 굉장히 알찬 책이었지만, 올해에도, 또 앞으로도 제철 식재료와 그 시기에 입소문을 탄 요리들을 차근차근 소개해줄 거라고 믿어요.

8 송선호(해보자)

신혼 초 요리를 시도하다가 어느 순간 똑같은 식탁에 변화가 필요했죠. 그때 우연히 만나게 된 요리잡지가 바로 〈수퍼레시피〉예요. 2010년부터 이 잡지를 챙겨 장바구니를 들고 나서고 있네요.

9 송지은(양이)

첫 번째 뿐만 아니라 두 번째 〈나의 보물 레시피〉 까지 함께하게 되어 영광이에요. 앞으로도 싱글, 초보 새댁, 변화가 필요한 베테랑 주부님들의 한결같은 요리 길잡이가 되어주세요.

10 오연승(오뜨5)

주부가 된 지 십 여 년이 넘었지만, 제대로 요리를 즐기게 된 지는 얼마 되지 않았어요. 〈수퍼레시피〉를 우연히 접하게 되면서 제 요리 인생이 조금씩 달라졌어요. 겉만 근사하고 감히 따라 할 수 없는, 정체불명 레시피 대신 믿을 수 있는 〈수퍼레시피〉와 함께했지요.

11 유민아(시비공주)

독자 선정단으로 1탄에 이어 2탄도 참여하게 되어 기쁘네요. 결혼 전부터 지금까지 열혈 독자로서 〈수퍼레시피〉는 저의 한부분이 되었어요. 쉽게 따라 할 수 있는 메뉴들이 많아 육아로 바쁠 때도 유용하게 활용했답니다.

12 유세연(은버들)

7년을 함께한 〈수퍼레시피〉는 제게 요리하는 기쁨을 알게 해줬어요. 맛있는 시간을 지인들과 나눌 수도 있었죠. 캐나다로 이민 온 지금은 한국이 그리울 때 제 마음을 달래주는 보물이 되었네요. 친정엄마 같은 〈수퍼레시피〉 항상 고맙고 사랑합니다.

13 이미선(다반향초)

음식을 만드는 것만큼 마음을 고스란히 담아내는 건 없는 것 같아요. 재료를 손질하여 음식을 만들고, 그릇에 담는 순간까지 음식을 나눌 이들을 생각하게 되니까요. 음식을 통해 마음을 선물할 수 있어요. 든든한 〈수퍼레시피〉만 있다면요.

14 이서희(어쩌라고)

엄마가 된 후 요리에 관심이 생겨 구독하게 된 〈수퍼레시피〉. 그렇게 맺어진 인연이 벌써 4년째예요. 초보 요리사였던 제가 〈수퍼레시피〉 덕분에 이제 두세 가지 정도 요리는 뚝딱 만들 정도로 프로가 되었어요. 항상 고마워요!

15 이순향(은재맘)

〈수퍼레시피〉는 저에게 새로운 도전이었어요.
매일매일 같은 음식을 준비하다 지쳤을 무렵,
이 책의 레시피를 믿고 새로운 요리에
도전할 수 있었거든요.덕분에 레시피 아이디어를
얻으며 새로운 요리들을 맛볼 수 있었죠.

16 이영륜(난냐야짱)

앞으로도 〈수퍼레시피〉는
매일 우리 집 맛난 밥상을 책임지겠죠.
덕분에 우리 집 딸아이도
엄마가 요리하는 것에 관심을 보인답니다.

17 이인성 (택이맘)

마트에서 장보다가 계산대 옆에 놓여진
작은 요리책을 본 것이 벌써 8년 전.
그렇게 〈수퍼레시피〉를 만나고
저희 집 식탁에 맛 혁명이 일어났네요.
정말 저에게 보물 같은 존재예요.

18 이정현(제이드)

워킹 맘이자 시부모님과 같이 사는 입장으로
〈수퍼레시피〉는 없어서는 안 될 중요한
또 하나의 가족이에요. 주말이면 별미 요리,
아이 간식과 반찬, 끼니 때마다
〈수퍼레시피〉와 함께하니까요.

19 이창소(똥그랑배)

세련된 표지를 열면
깊은 정겨움이 느껴지는 〈수퍼레시피〉.
계절에 맞는 신기할 정도의 다양하고
건강한 조리법을 선물해 주는,
이제는 저희 집에 없어서는 안 될
주방의 파수꾼이지요.

20 이해은(올팽)

아이 출산 후 이유식을 시작하고,
본격적인 요리를 하면서 알게 된 〈수퍼레시피〉.
저한테 없어서는 안 될 요리선생님이에요.
부엌 한 칸에 가득 채워 진 잡지들을 보며
요리에 자신감도 키웠죠.

21 이화연(크림빵)

정기구독 8년차.
어느새 〈수퍼레시피〉가 책장을 가득 메웠네요.
평범했던 일상에서 이 요리잡지를 만나
요리하는 즐거움과 맛난 음식을 먹는 행복을
함께 느끼게 되었죠.
덕분에 "요리 잘한다"는 칭찬을 자주 듣는답니다.

22 정현정 (사랑가득)

〈수퍼레시피〉에는 쉽고 건강한 요리가
알차게 가득 담겨 있어 푹 빠졌어요.
밥도 제대로 할 줄 몰랐던 제가
이 요리잡지 덕분에 "엄마 요리 짱이야"
칭찬을 듣는답니다.

23 조용은(아쿵엄마)

아이들과 함께할 수 있는 요리부터 손님
초대 요리까지, 이렇게 유아부터 60대까지
만족시키는 우리 집 전문요리사 〈수퍼레시피〉!
책장엔 이 요리잡지와 그 친구들이 가득해
'오늘은 어떤 음식을 할까' 하는 걱정은 안 해요.

24 조정아(쫑아)

차곡차곡 쌓여가는 〈수퍼레시피〉를 보면
얼마나 흐뭇한지, 아이가 커가듯 다채로워지는
제 밥상을 보면 스스로 기특하단 생각이 드네요.
〈수퍼레시피〉와 함께 계속 요리하고 싶어요.

25 최문영(곰탱이)
책장에 차곡차곡 쌓여가는 〈수퍼레시피〉를 보니
괜히 마음이 뿌듯해집니다. 워킹 맘이어서 가족들
매 끼니를 챙겨주진 못하지만, 주말에 신랑과
아이들을 위해 요리할 때는 〈수퍼레시피〉 덕분에
제가 최고의 셰프가 되지요.

26 하선희(우승맘)

〈수퍼레시피〉는 아내와 엄마로 기쁨을 느끼게
해준 든든한 친구입니다. 레시피를 따라 간단한
반찬부터 일품요리를 밥상에 올리면 우리
가족들은 저절로 엄지손가락을 올린답니다.

27 한선영(다소곳이)

그 밥에 그 반찬이 지루했던 찰나
〈수퍼레시피〉를 만났어요. 매달 만나게 되는
새로운 레시피가 눈과 입을 호강시켜 주었죠.
결혼 전에는 맛집 찾아 다니는 것이 좋았는데,
결혼 후 아이가 생기니 집에서 먹는 것이 편하고
즐거운 날이 오더라고요. 이게 다 제철 식재료로
다양하게 즐길 수 있게 도와준 〈수퍼레시피〉
덕분이랍니다.

28 허도영(릴렉스후후)

〈수퍼레시피〉와 7년째 변함없이 만나고 있어요.
독자와 함께하면서 독자 입장에서 한번 더
생각하는 요리잡지라 더욱 마음에 들어요.
나의 요리 친구이자 스승인 〈수퍼레시피〉,
언제까지나 함께해요!

29 허수영(명랑나츠코)

〈수퍼레시피〉는 초보주부였던 저를
요리 잘하는 근사한 주부로 만들어주었지요.
그동안 아껴온 저만의 〈수퍼레시피〉 속
레시피들도 이 한 권에 담겨 있으니,
이 책은 진짜 보물 같은 책이 될 것 같아요.

30 허은영(섭섭맘)

아마 제 딸이 시집갈 때까지 〈수퍼레시피〉를
계속 구독할 거예요. 딸도 시집가서 친정엄마의
요리들을 이 책에서 찾아볼 수 있겠죠.
매일 먹는 밥과 반찬들 그리고 간식까지
이 잡지로 배운 메뉴들이니까요.

Contents

For Special Day

| Spring

| Summer

Fall

Winter

| Meat

| Four Seasons

이 책의 200% 활용을 위한
Basic Guide

왕초보를 위한 필수 기본 가이드.
레시피를 보고 따라 하기 전 궁금할 수 있는 기초 정보를 한데 모아 꼼꼼하게 알려드립니다.
모든 요리의 시작인 재료 계량부터 손대기 어려웠던 해물, 봄나물 손질까지 기초부터 탄탄히 시작해보세요.

계량하기

계량도구 사용법

간장, 식초, 맛술 등의 액체류
계량컵으로 계량할 때는 기울기가 없는 편편한 곳에 가장자리가 넘치지 않을 정도로 담아 계량한다. 계량스푼도 가장자리가 넘치지 않을 정도로 담아 계량한다.

설탕, 소금 등의 가루류
가득 담은 후 사진처럼 윗부분을 편편하게 깎아 계량한다. 밀가루류는 체에 내린 후 계량하되, 꾹꾹 누르지 말고 가볍게 담아야 한다.

된장, 고추장 등 장류
가득 담은 뒤 윗부분을 편편하게 깎아 계량한다.
★ 동일한 1컵이라도 밀가루는 더 가볍고 고추장은 더 무거우니 부피와 무게를 동일하게 계산해서는 안된다.

콩, 견과류 등 알갱이류
가득 꾹꾹 눌러 담은 후 위를 깎아 계량한다.

계량도구가 없을 때 계량하기

계량스푼 1큰술 = 15㎖
밥숟가락 1큰술 = 10~12㎖
계량스푼 1큰술 = 밥숟가락 1과 1/3큰술
계량컵 1컵은 200㎖.
종이컵도 거의 비슷하므로 계량컵 대신 종이컵을 사용해도 된다.

1컵 200㎖
1작은술 5㎖
1큰술 15㎖

레시피 분량 조절하기

볶음, 조림, 무침 등을 할 때는 양념을, 국을 끓일 때는 물 양을 조절하는데 특히 신경써야 한다. 양이 늘거나 줄어도 그릇에 묻는 양념 양과 증발되는 물의 양이 같으므로 두 배로 늘릴 때는 90%만, 반으로 줄일 때는 40%만 조정한다.

2인분 → 4인분 양념과 물의 양을 90%만 늘린다.
4인분 → 2인분 양념과 물의 양을 40%만 줄인다.

손대중량 한줌, 한컵 등으로 표시되는 재료

소금 약간(1/5작은술 이하)   후춧가루 약간(2회 턴 분량)   느타리버섯 1줌(50g)   팽이버섯 1줌(50g)

냉이 1줌(20g)   돌나물 1줌(25g)   어린잎 채소 1줌(20g)   콩나물, 숙주 1줌(50g)

달래 1줌(50g)   미나리 1줌(70g)   부추 1줌(50g)   영양부추 1줌(50g)

유채나물 1줌(50g)   쪽파 1줌(100g)   호박잎 1줌(100g)   도라지 1줌(100g)

당면 1줌(100g)   소면 1줌(70g)   쫄면 1줌(150g)   쌀국수 1줌(50g)

근대 1줌(100g)   말린 미역 1줌(5g)   데친 얼갈이배추 1컵(125g)   말린 곤드레 1컵(20g)

기본 양념 준비하기

기본 양념 대체 재료

신맛 시큼한 맛을 기준으로 할 때는 레몬보다 식초의 신맛이 더 시큼하다. 특유의 향이 있는 레몬은 드레싱, 소스 등에 잘 어울린다.
식초 1큰술 = 레몬즙 1과 1/2큰술

단맛 설탕을 기준으로 하였을 때 조청은 설탕과 당도가 같으므로 같은 양을 사용하고 물엿이나 올리고당은 당도가 낮으므로
양을 늘려야 한다. 단, 가루와 액체에 따라 완성 요리의 농도와 윤기가 달라질 수 있으니 이를 고려한다.
설탕 1큰술 = 조청(쌀엿) 1큰술 = 물엿 1과 1/3큰술 = 올리고당 1과 1/2큰술 = 꿀 3/4큰술

요리술 동양 요리에는 청주와 소주를, 서양 요리에는 와인이나 맥주를 사용한다.
맛술은 단맛과 윤기를 내기 위해 사용하고, 레드 와인은 향을 내기 위해, 화이트 와인과 맥주는 냄새 제거에 이용된다.
청주 1큰술 = 소주 1큰술 = 맥주 4큰술
맛술 1과 1/2큰술 = 청주 1큰술 + 설탕 1/2큰술

다진 채소 양념 만들기

마늘 다지기

1 칼의 넓적한 부분으로 마늘을
눌러 으깬다.
2 으깬 마늘을 칼로 곱게 다진다.

파 다지기

1 파를 들고 여러 방향으로
돌려가며 칼집을 낸다.
2 칼집 낸 부분을 잘게 썬다.

양파즙 내기

1 양파를 강판에 간다.
2 체에 밭쳐 숟가락으로 꾹꾹
눌러가며 즙만 걸러낸다.

다진 채소 양념 분량 계산법

대파 5cm(흰 부분, 10g)
→ 다진 파 1큰술

생강 2톨(마늘 크기, 10g)
→ 다진 생강 1큰술

마늘 2쪽(10g)
→ 다진 마늘 1큰술

양파 1/5개(40g)
→ 다진 양파 4큰술

해산물

새우 손질하기

1 이쑤시개로 등의 두 번째와
세 번째 마디 사이를 찔러 위로
잡아 올려 내장을 제거한다.

2 머리를 분리한다.

3 껍질을 벗긴다.

4 튀김용으로 손질할 경우
물총(꼬리 5개 중 가운데
부드러운 꼬리)을 떼어낸다.

꽃게 손질하기

1 조리용 솔로 구석구석 문질러
깨끗이 씻는다.

2 몸통과 게딱지에 양쪽
엄지손가락을 넣고 힘주어
분리한다.

3 가위를 이용해 몸통 안쪽의 입과
아가미, 모래집, 다리 끝쪽의
지저분한 부분을 잘라낸다.

4 가위로 몸통을 반으로 자른다.

꼬막 손질하기

1 볼에 꼬막과 잠길 만큼의 물을 담고
맑은 물이 나올 때까지 바락바락
문질러 3~4회 깨끗이 씻는다.

2 냄비에 꼬막, 청주(1큰술),
물을 넣고 끓여 입이 벌어지기
시작하면 한쪽 방향으로
저어가며 30초간 끓인다.
★ 한쪽 방향으로 저어가며
끓여야 남은 모래를 모두
해감시킬 수 있다.

3 체에 밭쳐 한 김 식힌 후
꼬막의 살만 발라낸다.
입이 벌어지지 않은 꼬막은
입의 반대쪽에 숟가락을
일(-)자로 끼워 넣고 90°로
돌려 입을 벌리게 한 다음
껍데기를 떼어낸다.

낙지 손질하기

1 머리를 손으로 잡고 가위를
이용해 세로로 칼집을 낸다.

2 칼집 낸 머리를 뒤집어서
내장이 나오면 위쪽에서부터
손으로 잡고 떼어낸다.

3 머리와 다리를 연결하는 부분에
두 개의 눈이 있는데 돌출된 부분을
손으로 잡고 가위로 자른다.

4 다리의 안쪽에 있는 입 주변을
꾹 누르면 뼈가 튀어나오는데
이것을 손으로 떼어낸다.

5 손질한 낙지에 밀가루를
넣고 바락바락 주무른 후
깨끗이 헹군다.

오징어 손질하기

1 몸통에 손을 넣어 내장을 당겨
빼내거나(통째, 링 모양으로 쓸 때)
몸통을 갈라 내장을 떼어낸다.

2 내장과 다리의 연결 부분을
잘라 내장은 버린다.

3 다리의 안쪽에 있는 입 주변을
꾹 누르면 뼈가 튀어나오는데
이것을 손으로 떼어낸다.

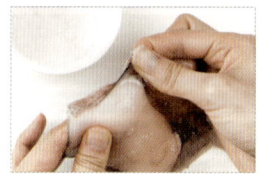

4 미끄러지지 않도록 손에
소금을 묻힌 후 오징어 몸통의
껍질을 벗긴다.

5 다리는 흐르는 물에서
손가락으로 훑으면서 빨판의
이물질을 제거한다.

주꾸미 손질하기

1 가위로 눈을 잘라낸다.

2 머리 한쪽을 가위로 길게
자른 다음 내장을 잘라낸다.

3 다리를 뒤집어 안쪽에 있는 입
주변을 가위로 조금 자른 후 뒤를
꾹 눌러 튀어나온 뼈를 제거한다.

4 볼에 주꾸미와 밀가루를
넣고 바락바락 주물러 씻는다.
맑은 물이 나올 때까지
흐르는 물에 씻어 체어 받쳐
물기를 뺀다.

14

채소

홍합 손질하기

1 손으로 수염을 떼어낸다.

2 껍질끼리 비벼 불순물을
제거한다.

꽁치 손질하기

1 꽁치는 머리와 꼬리를
제거하고, 몸통은 2등분한다.

2 젓가락을 이용해 내장을
빼낸 다음 깨끗이 씻는다.

오이 손질하기

1 겉면을 소금(1큰술)으로
문지른 후 흐르는 물에 씻는다.

2 칼로 튀어나온 돌기를 제거한다.

달래 손질하기

1 달래는 둥근 뿌리의 겉껍질을
벗긴다.

2 뿌리 속에 있는 검은 부분을
떼어낸다.

연근 손질하기

1 겉에 묻은 흙을 흐르는 물에
씻은 후 필러로 껍질을 벗긴다.

2 양쪽 끝부분을 썰어낸 후
용도에 맞는 크기와 모양으로 썬다.

냉이 손질하기

1 냉이는 시든 잎을 떼어내고
뿌리 쪽을 칼로 살살 긁어
잔뿌리를 없앤다.

2 뿌리와 잎의 경계에 특히 흙이
많으므로 흙을 도려내는 것이 좋다.

FoR
Special Day

특별한 음식을 먹는 풍습이 이어지고 있는 명절과 절기가 있습니다.

설의 떡국과 만두, 정월 대보름의 오곡밥과 묵은 나물, 추석의 송편, 동지의 팥죽 등이 바로 그런 음식들이죠.

보다 맛있게 새롭게 만들 수 있는 방법들, 〈수퍼레시피〉가 자세하게 알려드리겠습니다.

그대로 따라 하면 무조건 성공합니다.

설날

한 해를 여는 음식은 뽀얀 떡국이지요. 떡국은 주재료인 긴 가래떡처럼 무병 장수를 기원하는 음식이라고도
하고, 흰떡으로 심신을 깨끗하게 하자는 뜻이 담겼다고도 하고, 엽전을 닮은 떡을 넣어 부자가 되기를 바라는
마음을 담은 음식이라고도 해요. 한 살을 더 먹는 건 예나 지금이나 그리 반가운 일은 아니었겠지만 가족의
행복을 바라는 마음을 담아 정성껏 끓인 떡국 한 그릇은 새해 아침을 기다리게 하는 별미임에 틀림 없지요.
지역마다 떡국 국물을 내는 재료는 조금씩 다른데, 〈수퍼레시피〉는 기름기가 적은 양지를 오래 끓여 깔끔하고
담백한 국물을 냈어요. 오랜 시간 끓여 부드러워진 양지를 양념해 고명으로 얹어 고급스러움을 더했습니다.

가족의 행복을 기원하는
쇠고기 떡국

1 볼에 쇠고기와 잠길 만큼의 찬물을 붓고
30분 정도 담가 핏물을 뺀 후 체에 밭쳐
물기를 뺀다. 이 때 중간중간 물을 갈아준다.
대파는 어슷 썰고, 마늘은 편 썬다.

2 냄비에 ①의 쇠고기, 국물 재료를 모두 넣고
센 불에서 12분간 끓인다. 다시마를 건져내고
약한 불로 줄여 50분간 끓인다.
쇠고기는 건져 한 김 식힌다.
★ 완성된 국물의 양은 13컵(2.6ℓ)이며
부족할 경우 물을 더한다.

3 국물은 젖은 면포를 깐 체에 거른다.
쇠고기는 결대로 찢은 후
볼에 고기 양념 재료와 함께 넣고 버무려
10분간 재운다.

4 볼에 달걀을 넣어 푼다.
달군 팬에 식용유를 두르고 키친타월로 살짝
닦은 후 달걀물을 넣어 약한 불에 1분,
뒤집어서 30초간 익힌다. 한 김 식혀 5cm 길이,
0.3cm 폭으로 채 썬다. 김은 잘게 부순다.

5 냄비에 ③의 국물을 넣고 센 불에서
끓어오르면 떡국 떡을 넣어 5분간 끓인 후,
대파, 마늘, 국간장, 후춧가루를 넣어
1분간 더 끓인다.

6 그릇에 나눠 담고 쇠고기 양념한 것,
달걀 지단, 부순 김을 나눠 올린다.

조리시간 · 1시간 50분~2시간
(+ 쇠고기 핏물 빼기 30분)
재료 · 3~4인분

☐ 쇠고기 양지 200g
☐ 떡국 떡 약 5컵(500g)
☐ 달걀 1개
☐ 대파 15cm
☐ 마늘 2쪽
☐ 조미 김(A4용지 크기) 1장
☐ 식용유 1작은술
☐ 국간장 1큰술
☐ 후춧가루 약간

국물
☐ 물 15컵(3ℓ)
☐ 다시마 5×5cm 4장
☐ 무 지름 10cm, 두께 2cm
　(200g)
☐ 대파 15cm
☐ 마늘 3쪽
☐ 양파 1/4개
☐ 통후추 5~10개
　(후춧가루 1/2작은술)

고기 양념
☐ 국간장 1큰술
☐ 다진 파 2작은술
☐ 다진 마늘 1작은술
☐ 참기름 1작은술
☐ 후춧가루 약간

예전에야 떡국이 새해가 되어야만 먹을 수 있는 특별한 음식이었지만, 요즘은 별미로 떡국을 먹는 집도
많지요. 굴이 맛있기로 유명한 경상남도 통영에서는 떡국에도 굴을 넣어요. 시원하면서 깔끔하고 진한 국물이
특징인 굴떡국. 제철을 맞아 제대로 맛이 오른 굴 특유의 고소한 향미를 느낄 수 있을뿐만 아니라
탱글탱글한 굴과 쫄깃한 떡의 식감이 잘 어우러지는 별미랍니다. 굴을 씻을 때는 맹물이 아닌 소금물에 씻어야
감칠맛이 빠져나가지 않아요. 또한 끓이는 도중 거품을 잘 걷어내야 맑은 국물을 즐길 수 있답니다.

시원한 국물 맛이 일품인 통영의
굴 떡국

1 국물용 무는 열십(+)자로 4등분한 뒤 0.5cm
두께로 썬다. 냄비에 국물 재료를 넣고 센 불에서
끓어오르면 중간 불로 줄여 2분간 끓인다.
다시마를 건져내고 중약 불로 줄여 10분간
더 끓인 다음 체에 거른다.
★ 완성된 국물의 양은 4와 3/4컵(950㎖)이며
부족할 경우 물을 더한다.

2 굴은 체에 밭쳐 물(3컵) + 소금(1큰술)이 담긴
볼에 넣고 살살 흔들어 씻은 후
그대로 물기를 뺀다.

3 두부는 2×1cm 크기로 납작하게 썰고,
대파는 0.5cm 두께로 어슷 썬다.
①의 국물에서 건져낸 다시마는 가위를
이용해 0.3cm 폭으로 자른다.

4 볼에 달걀을 넣어 푼다.
달군 팬에 식용유를 두르고 키친타월로 살짝
닦은 후 달걀물을 넣어 약한 불에서 1분,
뒤집어서 30초간 익힌다.
한 김 식혀 5cm 길이, 0.3cm 폭으로 채 썬다.
김은 잘게 부순다.

5 냄비에 ①의 국물을 넣고 센 불에서
끓어오르면 굴과 떡국 떡, 소금, 국간장,
멸치액젓을 넣고 중간 불에서 5분 30초간
끓인다. 중간중간 거품을 걷어낸다.

6 두부를 넣고 중간 불에서 1분간 더 끓인 뒤
대파를 넣고 30초 후에 불을 끈다.
그릇에 나눠 담고 먹기 직전에 다시마와
달걀 지단을 올린다.

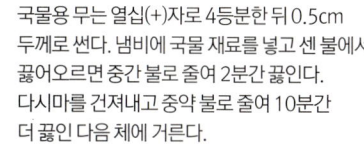

조리시간 · 30~40분
재료 · 2~3인분

- □ 굴 1컵(200g)
- □ 떡국 떡 약 3컵(300g)
- □ 두부 큰 팩 1/2모
  (찌개용, 150g)
- □ 대파 15cm
- □ 달걀 1개
- □ 식용유 1작은술
- □ 소금 1작은술
- □ 국간장 1작은술
- □ 멸치액젓(또는 까나리액젓)
  1/2작은술

국물
- □ 물 6컵(1.2ℓ)
- □ 국물용 멸치 20마리
- □ 다시마 5×5cm 2장
- □ 무 지름 10cm, 두께 1.5cm
  (150g)
- □ 대파(푸른 부분) 30cm

알아두세요
달걀 지단 만들기가 번거롭다면
지단 대신 끓는 국물에 달걀물을
넣어 끓이고 마지막에
참기름 한 방울을 넣으면
고소하고 진한 맛의 떡국을
즐길 수 있다.

설날

비 오는 날이면 더욱 생각나는 녹두빈대떡은 예로부터 잔칫상이나 제사상에 빠지지 않았던 전이에요.
여러 지방에서 저마다의 고유한 특색을 살린 녹두빈대떡을 만들고 있는데, 특히 평안도와 서울에서
설 음식으로 즐겨 먹는답니다. 녹두빈대떡을 구울 때는 기름을 많이 둘러 튀기듯 굽는 광경을 볼 수
있는데요, 두꺼운 전의 속까지 충분히 익히려면 넉넉한 식용유가 필요해요. 여기에 들기름을 함께 넣어
고소한 맛을 한층 살렸습니다. 녹두에 쌀을 더해 식어도 퍽퍽하지 않고 부드러운 식감을 즐길 수 있도록
개발한 〈수퍼레시피〉표 녹두빈대떡으로 넉넉하고 푸짐한 명절을 맞이하세요.

노릇노릇 고소한 맛의 대표 지짐

녹두빈대떡

1 녹두는 깨끗이 씻은 후 잠길 만큼의
물(2와 1/2컵)에 담가 8시간 불린다.
불린 녹두는 바락바락 주물러 껍질을
제거하고 체에 밭쳐 물기를 뺀다.
★ 마트에서 껍질 깐 녹두를 구입해 사용하면
더욱 편리하다.

2 숙주, 고사리 데칠 물(4컵) +
소금(1/2작은술)을 끓인다.
멥쌀은 깨끗이 씻어 잠길 만큼의 물에 넣어
1시간 불린 뒤 믹서에 녹두,
물 1과 1/4컵(250㎖)과 함께 넣고 곱게 간다.

3 ②의 끓는 물에 숙주를 넣고 30초간 데친 후
체에 밭쳐 흐르는 물에 헹군다. 물기를 꼭 짠 뒤
2cm 길이로 썬다. 끓는 물에 고사리를 넣고
1분간 데친 다음 찬물에 헹궈 물기를 꼭 짠 후
3cm 길이로 썬다.

4 배추김치는 물에 헹궈 양념을 씻어 낸 후
물기를 꼭 짜 1cm 폭으로 썬다.

5 볼에 숙주, 고사리, 김치, 돼지고기, 양념 재료를
모두 넣고 골고루 섞은 뒤 ②의 녹두 간 것과
소금을 넣고 섞는다. 작은 볼에 초간장 재료를
넣어 섞는다. 다른 작은 볼에 식용유와 들기름을
넣어 섞는다.

6 팬을 중간 불에서 30초간 달군 뒤
섞은 기름 1과 1/2큰술을 두르고 반죽 1/5분량을
떠 올려 지름 12cm, 두께 1cm로 펼친다.
중약 불에서 3분 30초, 뒤집어 약한 불로 줄여
3분간 더 익힌 후 그릇에 담고 초간장을 곁들인다.
같은 방법으로 4개 더 부친다. ★ 팬의 크기에 따라
나눠 굽거나 식용유가 부족하면 더한다.

조리시간 · 40~50분
(+ 녹두 불리기 8시간,
멥쌀 불리기 1시간)
재료 · 5개분

- □ 녹두 1컵(160g)
- □ 멥쌀 3큰술(30g)
- □ 숙주 2줌(100g)
  ★ 손대중량 11쪽
- □ 삶은 고사리 약 3/4컵(50g)
- □ 익은 배추김치 2/3컵(100g)
- □ 다진 돼지고기 100g
- □ 소금 1작은술
- □ 식용유 6과 1/2큰술
- □ 들기름 1큰술
- □ 물 1과 1/4컵(250㎖)

양념

- □ 다진 파 1과 1/2작은술
- □ 다진 마늘 1작은술
- □ 청주 1작은술
- □ 양조간장 1작은술

초간장

- □ 식초 1큰술
- □ 양조간장 1큰술
- □ 물 1큰술

알아두세요
뒤집기에 실패하지 않으려면?
빈대떡 반죽이 조금 묽기
때문에 팬에 반죽을 떠 넣고
익으면서 윗면이 굳기 시작할 때
뒤집어야 부서지지 않고
맛도 좋다.

향긋하고 알싸한 매력
수정과

024

조리시간 · 1시간 30분~40분
재료 · 약 15컵분(3.2ℓ)

□ 생강 1컵(약 100g)
□ 통계피 140g
□ 황설탕 1컵과 4큰술(160g)
□ 백설탕 1컵(100g)
□ 물 40컵(8ℓ)

설날

식혜가 남녀노소 즐길 수 있는 음료라면 수정과는
어른들이 주로 좋아하는 전통 음료이죠. 본래 설날 마시던 음료지만
몸을 따뜻하게 하는 생강과 계피가 주재료인 만큼 수정과를
꾸준히 마시면 면역력 향상을 도와 감기 예방에도 효과적이랍니다.

1 생강은 숟가락으로 긁어
  껍질을 벗긴 후 1cm 두께로
  편 썬다.

2 큰 냄비에 생강, 계피,
  물을 넣고 센 불에서
  끓어오르면 중약 불로 줄여
  1시간 5분간 끓인다.
  불을 끄고 생강과 계피를
  건져낸다.

3 설탕을 모두 넣어 섞은 후
  중약 불에서 20분간 끓인다.
  ★ 기호에 따라 마실 때
  곶감을 띄워도 좋다.

명절의 달콤한 마무리
식혜

조리시간 · 7시간~7시간 10분
재료 · 약 5컵분(1ℓ)

- ☐ 멥쌀 1과 3/4컵(약 220g)
- ☐ 엿기름 1과 1/4컵(100g)
- ☐ 설탕 1컵
- ☐ 생강 2톨(마늘 크기, 10g)
- ☐ 물 2컵(400㎖) +13컵(2.6ℓ)

1 쌀은 깨끗이 씻은 후 물 2컵에 담가
  30분간 불린다. 불린 쌀과 물 그대로
  전기밥솥에 넣고 밥을 짓는다.
  생강은 숟가락으로 긁어 껍질을
  벗긴 후 1cm 두께로 편 썬다.
  ★ 식혜용 밥은 물을 약간 적게 넣어
  고슬고슬하게 지어야 한다.

2 엿기름을 베보자기에 넣거나
  면포로 감싼 후 물 13컵이 담긴
  큰 볼에 넣어 30분 정도 불린다.
  엿기름 주머니를 바락바락
  문지른 후 꼭 짠다.

3 주머니를 건져내고 엿기름 물을
  30분간 그대로 두어 앙금이
  가라앉으면 맑은 웃물만 살살
  따라낸다.

4 ①의 전기밥솥에 엿기름 웃물을
  넣고 밥과 골고루 섞은 후 보온
  상태로 6시간 둔다
  밥솥을 열었을 때 밥알이 20개 정도
  동동 뜨면 잘 삭혀진 것이다.

5 ④를 체에 걸러 식혜 물과 밥을
  나눈다. 냄비에 식혜 물, 설탕,
  생강을 넣고 센 불에서 끓어오르면
  중약 불로 줄여 10분간 끓인다.
  불을 끄고 생강을 건져낸다.
  끓이는 중간중간 거품을 걷어낸다.

6 식혜 밥은 생수에 10분간 담가
  당분을 뺀 후 건진다.
  식혜 물과 섞은 후 냉장 보관한다.

명절

기름진 명절 음식을 푸짐하게 먹고 나면 시원한 입가심이 필요하죠?
밥알 동동, 달콤하고 시원한 식혜 한 사발로 명절을 마무리해보세요.
물과 엿기름의 황금 비율을 찾아 깔끔한 식혜를 개발했습니다.
전기밥솥을 이용해 간편하게 만들 수 있답니다.

설날

만두는 본래 중국에서 유래했는데, 지금은 한국, 중국, 일본에서 각기 다른 모습으로 사랑받는 음식이지요.
우리 나라와 중국에서는 설날에 만두를 먹어요. 생긴 모양이 마치 복주머니를 닮았다 해서 새해를 맞아
복을 담아 먹는다는 의미를 담은 거지요. 기름진 땅으로 인해 쌀이 주식이었던 우리 나라 남쪽 지방에서는
떡과 만두를 넣어 떡만둣국을 즐겨 먹었답니다. 만두의 속재료는 지역마다 차이가 많은데
〈수퍼레시피〉는 잘 익은 김장 김치와 고소한 돼지고기를 듬뿍 넣어 칼칼하고 고소한 맛을 강조했습니다.
친정 엄마가 만들어주던 추억의 맛을 만나보세요.

온 가족이 함께 빚는 추억의 맛
고기 김치만두

1 큰 볼에 당면과 잠길 만큼의 찬물을 부어
30분간 불린다. 체에 밭쳐 물기를 뺀 후
1.5cm 길이로 썬다.
★ 당면은 끓는 물에 3분간 삶아 찬물에 헹궈
체에 밭쳐 물기를 뺀 후 사용해도 좋다.

2 숙주 데칠 물(3컵)을 끓인다.
두부는 칼날 옆면으로 눌러 곱게 으깬 후
젖은 면포로 감싸 물기를 꼭 짠다.

3 ②의 끓는 물에 숙주를 넣고 30초간 데친다.
체에 밭쳐 물기를 뺀 후 넓은 그릇에 펼쳐
한 김 식힌 다음 물기를 꼭 짜고 2cm 길이로
썬다. 배추김치는 양념을 털어내고
1cm 폭으로 썬 후 국물을 꼭 짠다.
★ 충분히 익은 김치를 사용하되 양념을
털어내야 만두소가 지저분하지 않다.

4 볼에 배추김치, 돼지고기, 당면, 숙주, 두부,
양념 재료를 넣어 3~4분간 충분히 치댄다.

5 16등분한 후 동그랗게 만든다.
★ 만두피의 크기가 다를 경우
만두피에 만두소 약 70% 가량을 넣고
빚으면 된다.

6 찜기의 1/2지점까지 물을 붓고
뚜껑을 덮어 센 불에서 끓인다.
만두피에 만두소를 올린 후 가장자리에
물을 바른다. ★ 가장자리에 물을 바르면
만두피가 잘 붙는다.

→ 다음 장에 계속

조리시간 · 40~50분
(+ 당면 불리기 30분)
재료 · 16개분

□ 시판 만두피 지름 8cm 16장
　(또는 시판 왕 만두피
　지름 10cm 8장)
□ 익은 배추김치
　1과 1/3컵(200g)
□ 다진 돼지고기 150g
□ 당면 1/2줌(50g)
　★ 손대중량 11쪽
□ 숙주 2줌(100g)
　★ 손대중량 11쪽
□ 두부 작은 팩 1/2모
　(부침용, 105g)

양념

□ 다진 파 3큰술
□ 다진 마늘 1큰술
□ 양조간장 1큰술
□ 참기름 1큰술
□ 고춧가루 2작은술
□ 설탕 1/2작은술
□ 후춧가루 1/4작은술

초간장

□ 생수 2큰술
□ 식초 1큰술
□ 양조간장 1큰술
□ 올리고당 1큰술

알아두세요

남은 만두 냉동법
만두를 찐 후 한 김 식혀
금속쟁반에 달라붙지 않도록
펼쳐 올린다. 그대로 냉동한 후
지퍼백에 옮겨 담아 냉동한다.
10~15일간 보관 가능하며
해동 없이 국물 요리에
넣거나 그대로 굽거나 쪄서
먹는다(7~8분간 익힌다).

7 반으로 접으면서 손가락으로 만두소를 가볍게 누른다.

8 가장자리를 꾹꾹 눌러 붙여 만두피 안에 남아 있는 공기를 빼면서
만두를 빚는다.

9 만두의 양쪽 끝을 모아 한쪽에 물을 묻힌 후 꾹 눌러 만두를 빚는다.
같은 방법으로 15개 더 만든다. 이 때, 빚어놓은 만두와 만두피는
마르지 않도록 젖은 면포로 덮어둔다.

10 찜판에 종이 포일을 깔고 만두를 겹쳐지지 않게 올린다.
찜기에 넣고 뚜껑을 덮어 중간 불에서 11~13분간
만두피가 투명해질 때까지 찐다.
작은 볼에 양념장 재료를 넣고 섞는다.
★ 찜기 크기에 따라 2~3회 나눠 찐다.

11 그릇에 담고 초간장을 곁들인다.

배추왕만두

설날

땅이 척박하고 기후가 건조한 북쪽 지방의 주식은 밀과 수수예요. 그래서 겨울이면 유독 만두를 많이 찌거나
삶아 먹었다고 해요. 지역의 특성상 고랭지에서도 잘 자라는 배추를 속 재료로 많이 사용했고, 추운 날씨 덕에
음식이 쉽게 상하지 않으니 자연스레 양념을 적게 해 간이 심심한 것이 특징이지요. 이북식 만두의 특징을
살려 배추가 주는 특유의 시원함을 강조한 만두를 소개합니다. 배추 잎, 숙주, 부추 등 채소의 비율을 높여
식감과 볼륨감을 주었어요. 배추와 숙주는 끓는 물에 단시간에 데쳐 아삭한 식감을 살렸지요.
큼지막한 만두피를 사용해 투박하고 푸짐한 멋을 살려보세요.

채소를 듬뿍 넣어 담백함이 돋보이는
배추왕만두

1 배추, 숙주 데칠 물(3컵)을 끓인다.
배추 잎은 1cm 폭으로 썬 후 줄기와 잎 부분을
따로 둔다. 끓는 물에 배추 줄기 부분을 넣어 1분,
잎 부분을 넣어 30초간 데친다.
체로 건져 찬물에 헹궈 물기를 꼭 짠다.
★ 물기를 최대한 없애야 만두가 질척해지지 않는다.

2 ①의 끓는 물에 숙주를 넣고 30초간 데친다.
체에 밭쳐 물기를 뺀 후 넓은 그릇에 펼쳐
한 김 식힌다.
물기를 꼭 짜고 2cm 길이로 썬다.

3 두부는 칼날 옆면으로 눌러 곱게 으깬 후
젖은 면포로 감싸 물기를 꼭 짠다.

4 부추는 1cm 길이로 썬다.

5 볼에 배추 잎, 숙주, 두부, 부추, 돼지고기,
양념 재료를 넣어 3~4분간 충분히 치댄다.

6 8등분한 후 동그랗게 만든다.
★ 만두피의 크기가 다를 경우
만두피에 만두소 약 70% 가량을 넣고
빚으면 된다.

조리시간 · 40~50분
재료 · 8개분

□ 시판 왕 만두피
   지름 10cm 8장
   (또는 지름 8cm 만두피 16장)
□ 배추 잎 4장
   (손바닥 크기, 또는
   알배기배추 잎 약 5장, 160g)
□ 두부 큰 팩 1/2모
   (부침용, 150g)
□ 숙주 2줌(100g)
   ★ 손대중량 11쪽
□ 부추 1/2줌(25g)
   ★ 손대중량 11쪽
□ 다진 돼지고기 80g

양념
□ 다진 파 2큰술
□ 다진 마늘 1큰술
□ 양조간장 1과 1/2큰술
□ 참기름 1과 1/2큰술
□ 설탕 1/2작은술
□ 후춧가루 1/4작은술

초간장
□ 생수 2큰술
□ 식초 1큰술
□ 양조간장 1큰술
□ 올리고당 1큰술

7 찜기의 1/2지점까지 물을 붓고 뚜껑을 덮어 센 불에서 끓인다.
만두피에 만두소를 올린 후 가장자리에 물을 바른다.
★ 가장자리에 물을 바르면 만두피가 잘 붙는다.

8 만두피를 반으로 접으면서 손가락으로 만두소를 가볍게 누른다.

9 가장자리를 꾹꾹 눌러 붙여 만두피 안에 남아 있는 공기를 빼면서
만두를 빚는다. 같은 방법으로 7개 더 만든다.
이 때 빚어놓은 만두와 만두피는 마르지 않도록 젖은 면포로 덮어둔다.

10 찜판에 종이 포일을 깔고 만두를 겹쳐지지 않게 올린다.
찜기에 넣고 뚜껑을 덮어 중간 불에서 11~13분간 만두피가
투명해질 때까지 찐다. 작은 볼에 양념장 재료를 넣고 섞는다.
★ 찜기 크기에 따라 2~3회 나눠 찐다.

11 그릇에 담고 초간장을 곁들인다.

정월 대보름

정월 대보름날(음력 1월 15일)에 먹는 음식에는 특히 우리 조상들의 놀라운 지혜가 담겨 있어요.
한 해의 행복과 안녕을 기원하는 뜻으로 먹는 오곡밥은 다섯 가지 곡식(쌀, 조, 수수, 팥, 콩)을 섞은 것으로,
무기질이나 비타민이 풍부하게 담겨 있지요. 여기에 지난해에 말려 두었던 나물을 삶아 곁들이는데요,
신선한 채소를 구경하기 힘들었던 늦겨울, 묵은 나물로 무기질과 비타민, 섬유질을 보충하라는 조상들의 깊은
뜻을 엿볼 수 있는 음식이랍니다. 오곡밥은 찰진 곡식이 많이 들어가는 만큼 밥물을 적게 잡아야 해요. 말린
나물을 무칠 때는 들기름을 사용해 고소한 맛을 더하고, 섬유질을 부드럽게 해 씹는 식감을 좋게 했답니다.

조상들의 지혜가 듬뿍 담긴
오곡밥과 묵은 나물

오곡밥

1 검은콩과 차수수는 깨끗이 씻은 후
각각 물 1과 1/2컵에 담가둔다.
검은콩은 3시간, 차수수는 1시간 동안 불린다.

2 찹쌀은 깨끗이 씻은 후 잠길 만큼의 물에 담가
30분간 불린 다음 체에 밭친다.
차조는 깨끗이 씻은 후 고운 체에 밭쳐
물기를 뺀다.

3 냄비에 팥과 잠길 만큼의 물을 넣어 센 불에서
6분간 끓인다. 물만 버린 후 다시 잠길 만큼의
물을 붓고 센 불에서 끓어오르면 중간 불로 줄여
15분간 익힌다. 이 때 팥 삶은 물 1/2컵(100㎖)을
덜어둔다. ★ 처음 데친 물에는 팥 특유의 아린 맛이
있으므로 버리고 새로 물을 넣어 삶는 것이 좋다.
너무 오래 삶으면 오곡밥 완성 시 팥이 터지기 쉽다.

4 팥 삶은 물 1/2컵(100㎖)에 물과 소금을 섞어
밥물을 만든다.

5 모든 재료를 전기 압력밥솥에 넣고
밥물을 부은 후 잡곡기능으로 밥을 짓는다.
★ 오곡밥에는 찰진 곡식이 많이 들어가므로
밥물을 평소보다 20% 정도 적게 넣고
소금으로 간한다.

조리시간 · 60분~70분
(+ 잡곡 불리기 3시간)
재료 · 4인분

□ 검은콩 1/2컵(70g)
□ 차수수 1/2컵(80g)
□ 찹쌀 2컵(320g)
□ 차조 1/2컵(60g)
□ 팥 1/2컵(75g)

밥물
□ 팥 삶은 물 1/2컵
□ 물 3컵(600㎖)
□ 소금 1작은술

알아두세요
정월 대보름 '복쌈'
정월 대보름에는 '복을 싸서
먹는다'는 뜻으로 취나물,
배춧잎, 김 등으로 밥을 싸서
복쌈을 먹는 풍속이 있다.

말린 취나물

1 볼에 말린 취나물과 물(10컵)을 넣고
6시간 이상 불린 후 맑은 물이 나올 때까지
여러 번 헹군다. 냄비에 취나물과 물(8컵)을
넣고 센 불에서 끓어오르면 중간 불로 줄인 후
25분간 삶는다.

2 취나물을 헹군 후 물에 30분간 담가
불린다. 가위를 이용해 줄기의 억센 부분을
잘라낸 다음 물기를 꼭 짠다.

3 냄비에 다시마 국물 재료를 넣고 센 불에서
끓어오르면 중간 불에서 2분간 끓인 다음
다시마를 건져낸다.
★ 완성된 국물의 양은 1/2컵(100㎖)이며
부족한 경우 물을 더한다.

4 취나물은 6cm 길이로 썬다. 볼에 양념 재료를
넣어 섞은 후 취나물을 넣고 버무린다.

5 팬을 중간 불에서 달군 후 들기름 1/2큰술을
두르고 취나물을 넣어 2분 30초간 볶는다.
③의 국물을 넣고 중약 불로 줄여 3분 30초,
들기름 1과 1/2큰술, 들깻가루를 넣고
30초간 볶는다.

조리시간 · 45분~55분
(+ 나물 불리기 6시간)
재료 · 2~3인분

- □ 말린 취나물 2와 1/2컵(50g)
- □ 들깻가루 3큰술
- □ 들기름 1/2큰술 +
  1과 1/2큰술

다시마 국물
- □ 다시마 5×5cm
- □ 물 2/3컵(약 135㎖)

양념
- □ 다진 파 1큰술
- □ 다진 마늘 1/2큰술
- □ 국간장 1큰술
- □ 들기름 1큰술
- □ 멸치액젓(또는 까나리액젓)
  1/2작은술

알아두세요
세 가지 묵은 나물에 쓸
다시마 국물(1과 1/4컵)
한꺼번에 만들기
냄비에 다시마(5×5cm 2장)와
물(1과 1/2컵)을 넣어
센 불에서 끓어오르면
중간 불로 줄여 3분간 끓인다.

말린 표고버섯나물

1 말린 표고버섯은 찬물로 빠르게 씻은 다음
따뜻한 물 5컵(찬물 2컵 + 뜨거운 물 3컵)에
넣어 1시간 동안 불리거나 끓는 물에
표고버섯을 넣은 후 약한 불로 줄여 40분간
삶는다. 물기를 꼭 짠 후 기둥을 제거하고
0.7cm 두께로 썬다. ★ 표고버섯 불린 국물은
국이나 찌개의 밑국물로 사용한다.

2 냄비에 다시마 국물 재료를 넣고 센 불에서
끓어오르면 중간 불로 줄여 2분간 끓인 다음
다시마를 건져낸다.
★ 완성된 국물의 양은 1/4컵(50㎖)이며
부족한 경우 물을 더한다.

3 볼에 양념 재료를 넣어 섞은 후
표고버섯을 넣고 버무려 10분간 재운다.

4 팬을 중간 불에서 30초간 달군 후
표고버섯을 넣고 3분간 볶는다.

5 ②의 국물을 붓고 중약 불에서 2분간 볶은 후
들기름을 넣고 섞는다.

**조리시간 · 20분~30분
(+ 표고버섯 불리기 1시간)**

재료 · 2~3인분

☐ 말린 표고버섯 20개(100g)
☐ 들기름 1큰술

다시마 국물

☐ 다시마 5×5cm
☐ 물 1/2컵(100㎖)

양념

☐ 다진 마늘 1/2큰술
☐ 국간장 1큰술
☐ 참기름 1큰술
☐ 설탕 1작은술
☐ 소금 2/3작은술

호박고지나물

1 호박고지를 물(5컵)에 3시간 동안 불린 후 깨끗이 씻는다. 냄비에 물(5컵)을 넣어 센 불에서 끓어오르면 호박고지를 넣고 3분간 데친다.
★ 대형 마트에서 판매하는 호박고지는 주키니(서양 호박)가 많은데, 하룻밤(8시간) 이상 불려야 볶았을 때 식감이 부드럽다.

2 호박고지를 찬물에 헹궈 물기를 꼭 짠다. 볼에 양념 재료를 넣어 섞은 후 호박고지를 넣고 버무린다.

3 냄비에 다시마 국물 재료를 넣고 센 불에서 끓어오르면 중간 불로 줄여 3분간 끓인 다음 다시마를 건져낸다.
★ 완성된 국물의 양은 1/2컵(100㎖)이며 부족한 경우 물을 더한다.

4 팬을 중간 불로 20초간 달군 후 참기름과 식용유를 두르고 섞는다. 호박고지를 넣어 1분 30초간 볶다가 ③의 국물을 넣고 중약 불에서 뚜껑을 닫은 채 7분간 익힌다. 중간중간 주걱으로 저어준다.

5 들기름과 통깨를 넣고 30초간 볶는다.

조리시간 · 30~40분
(+ 나물 불리기 3시간)
재료 · 2~3인분

- ☐ 호박고지 100g
- ☐ 참기름 1/2 큰술
- ☐ 식용유 1/2큰술
- ☐ 들기름 1큰술
- ☐ 통깨 1큰술

다시마 국물
- ☐ 다시마 5×5cm 2장
- ☐ 물 2/3컵(135㎖)

양념
- ☐ 다진 파 1큰술
- ☐ 다진 마늘 1/2큰술
- ☐ 국간장 2큰술
- ☐ 참기름 1/2큰술
- ☐ 설탕 1/2작은술
- ☐ 멸치액젓(또는 까나리액젓) 1/2작은술

알아두세요
호박고지의 뜻
애호박을 얇게 썰어 말린 것을 말하는데 '오가리'라 부르기도 한다.

송편

추석

'추석'하면 떠오르는 음식인 송편. 햅쌀로 예쁘게 송편을 빚어 한 해의 수확을 축하했던 추석의
대표 절식이지요. 송편의 모양은 지역마다 조금씩 다른데요, 대표적인 반달 모양의 송편은 옛날, 농부들에게
중요한 의미였던 달의 모양을 흉내 낸 것이라고 해요. 송편을 빚다 보면 소를 넣기 전에는 보름달의 모양을,
소를 넣어 빚으면 반달 모양이 되지요. 송편은 으레 사 먹는 음식으로 생각하기 쉽지만 〈수퍼레시피〉가
쌀 씻기부터 시작해 하나 하나 꼼꼼하게 짚어드려요. 온 가족이 둘러앉아 송편을 빚으며 정겨운 시간을 나눠보세요.

오손도손 정겹게 둘러앉아 빚는
송편

1 쌀은 쌀뜨물이 뿌연 우윳빛 물이 아니라
투명할 때까지 충분히 씻는다.
★ 쌀을 깨끗이 씻지 않으면 쌀가루가
금방 쉬어 버리고, 떡을 쪘을 때 쌀 특유의
냄새가 날 수 있다.

2 씻은 쌀은 실온에서 최소 5~8시간 불린다.
★ 쌀 낱알들이 찹쌀처럼 흰색으로 변할 때까지
불려야 하며 5시간이 지나 손으로
쌀을 만져보아 살짝 으깨질 정도면 적당하다.

3 불린 쌀은 체에 밭쳐 5분 정도 물기를 뺀다.
비닐 팩에 불린 쌀과 물 1/3컵을 담아
방앗간(또는 떡집)에 간다. ★ 가져간 쌀은 바로
빻는 것이 좋다. 방앗간마다 쌀을 빻을 때 물과
소금 양이 달라 송편 맛에 차이가 나므로 쌀을
빻을 때는 반드시 소금을 넣지 말라고 해야 한다.

4 빻아온 쌀가루에 소금을 넣고 체에 한 번 내린다.
거친 입자가 체 위에 남을 경우
손으로 비벼가며 내려준다.

5 쌀가루가 담긴 볼에 따뜻한 물을 조금씩 넣어가며
한 덩어리가 될 때까지 손으로 약 20번 정도 치댄다.
반죽이 매끈해지면 비닐봉지에 넣고
실온에서 10분 정도 숙성시킨다.
★ 물을 한 번에 부으면 반죽이 질어질 수 있으니
쌀가루에 물을 조금씩 부어가며 반죽한다.

6 검은콩소 검은콩은 물(1컵)과 함께 실온에서
2시간 불린다. 냄비에 검은콩과
물(2와 1/2컵)을 넣고 센 불에서 15분간 삶는다.
체에 밭쳐 물기를 뺀 뒤 설탕, 꿀, 소금을 넣고
버무린다.
깨소 볼에 깨소 재료를 넣고 골고루 섞는다.

조리시간 · 2시간~2시간 10분
(+쌀 불리기 5시간,
검은콩 불리기 2시간)
재료 · 35개분

쌀가루
□ 멥쌀 3과 1/4컵(550g)
□ 물 1/3컵(약 70㎖)

반죽
□ 쌀가루 2와 1/2컵(200g)
□ 소금 1/2작은술
□ 따뜻한 물 5큰술

검은콩소
□ 검은콩 1/2컵(70g)
□ 설탕 2큰술
□ 꿀 1/2큰술
□ 소금 약간

깨소
□ 통깨 4큰술
□ 설탕 2큰술
□ 꿀 1/2큰술
□ 소금 약간

7 반죽은 지름 2.5cm의 가래떡 모양으로 만든 뒤 2.5cm 길이(17g)로 자른다.
★ 이 위에 젖은 면포를 덮어 반죽이 마르지 않도록 한다.

8 자른 송편 반죽을 동그랗게 굴린 뒤 엄지손가락으로 소 넣을 공간을 만든다. 소를 1작은술 넣은 후 반으로 접으면서 가장자리를 살짝 눌러 붙인 후 손에 쥐고 가볍게 힘을 줘 공기를 뺀다.

9 다시 2~3번 동그랗게 굴린 뒤 가장자리를 손으로 꾹꾹 누르듯 모양을 잡아 만든다.
★ 번거롭더라도 이때 2~3번 둥글리는 과정을 해야 소가 한쪽으로 몰리지 않고 송편을 쪘을 때 터지지 않는다.
★ 사진과 같은 모양이 가장 기본이 되는 만두 모양의 '오려 송편'이다.

10 찜기의 1/2지점까지 물을 붓고 뚜껑을 덮어 센 불에서 끓인다. 김이 오르면 젖은 면포를 깐다. 이때 반죽한 송편이 서로 붙지 않게 잘 배열한 뒤 뚜껑을 덮고 18분간 찐다. 다 쪄진 송편을 재빨리 찬물에 담갔다 꺼낸 뒤 볼에 넣고 참기름(3/4큰술)과 함께 살살 버무린다.
★ 빠르게 열기를 식혀야 송편이 쫄깃해진다.

알아두세요
조개 모양 송편빚기

1 새알심처럼 굴린 반죽을 손바닥에 올리고 엄지와 검지로 살짝 꼬집어 모양을 잡는다.

2 반대편으로 돌려 가장 자리를 꾹꾹 눌러 모양을 만든다.

3 꼬치용 이쑤시개로 가장자리 부분을 사진처럼 지긋이 눌러 선을 만든다. 이 때 이쑤시개로 선을 긋지 않는 것이 포인트.

4 이쑤시개에 물을 살짝 묻혀 검은깨를 한 개 집어올린 뒤 ③의 라인을 따라 콕 눌러 박는다. 1줄당 3개가 적당하다.

동짓날

일 년 중 밤이 가장 긴 동짓날(양력 12월 22일경)에는 재앙이나 귀신, 병마를 쫓기 위해 붉은색의 팥죽을 먹지요.
이는 중국에서 전해진 풍습이랍니다. 한 아이가 동짓날 죽어 악귀가 되었는데, 붉은 팥을 무서워했기에
팥죽으로 그를 물리쳤다는 이야기가 전해지지요. 팥죽에는 찹쌀을 새알 크기로 만든 새알심을 넣는데요,
이 새알심을 나이 수만큼 먹어야 한다고 여기는 지역도 있어요. 팥죽을 먹을 때 팥껍질의 까끌하고
텁텁한 식감을 꺼려하는 분들이 많아 〈수퍼레시피〉는 전통적인 방법을 사용하되 껍질을 걸러 훨씬 부드럽게
즐길 수 있도록 만들었답니다.

귀신과 병마를 내쫓는 한 그릇
팥죽

1 쌀은 깨끗이 씻어서 물에 담가 2시간 이상
불린 후 체에 밭쳐 물기를 뺀다.

2 깊고 큰 냄비에 팥과 잠길 만큼의 물을 넣어
센 불에서 끓어오르면 5분간 끓여 첫 물은
따라버리고 다시 물 5컵(1ℓ)을 부어
중간 불에서 50분간 삶는다.
★ 팥을 삶는 동안 거품을 계속 걷어낸다.

3 삶은 팥은 체에 밭쳐 뜨거울 때 나무 주걱을
이용해 대강 으깬다. 물 4컵(800㎖)을 조금씩
부어가며 완전히 으깨 껍질은 버리고
앙금은 가라 앉힌다.

4 찹쌀가루에 소금을 섞고
뜨거운 물을 조금씩 넣어가며 익반죽한다.
반죽은 충분히 치댄 후 지름 1cm 크기로
동그랗게 굴려 새알심을 만든다.

5 냄비에 ③의 웃물만 따라내어 붓고
불린 쌀을 넣어 저으면서 중간 불에서
20분간 쌀알이 퍼질 때까지 끓인다.

6 새알심을 넣고 끓이다가 새알심이 익어서
위로 떠오르면 불을 끄고 소금을 넣어 간한다.

조리시간 · 2시간 30분~40분
재료 · 2인분

□ 팥 1컵(150g)
□ 멥쌀 1/2컵
　(85g, 불린 후 100g)
□ 물 5컵(1ℓ) + 4컵(800㎖)
□ 소금 약간(또는 설탕,
　기호에 따라 가감)

새알심

□ 시판 찹쌀가루 1컵(130g)
□ 소금 1/2작은술
□ 뜨거운 물 3~4큰술

동짓날

예로부터 우리 조상들은 좋은 일이나 나쁜 일이 있을 때 팥으로 밥을 짓고, 죽을 쑤고, 떡을 만들어 먹곤 했지요.
특히 전라도에는 팥칼국수를 많이 먹는데요, 이를 팥칼국수가 아닌 '팥죽'이라고 부르기도 해요.
강원도에서는 팥국수라고도 부르지요. 〈수퍼레시피〉는 팥을 삶아 곱게 갈고 칼국수 면을 따로 삶아 마지막에
같이 끓였어요. 팥의 고소함을 그대로 살리면서 쫄깃하고 탱글한 면발의 식감까지 즐길 수 있도록 개발했지요.
이번 동짓날에는 팥죽 대신 팥칼국수 한 그릇 어떠세요?

전라도에서 동짓날 즐겨 먹는 별미
팥칼국수

1 깊고 큰 냄비에 팥과 잠길 만큼의 물을 넣어
센 불에서 끓어오르면 5분간 끓여
첫 물은 따라버리고 다시 물(13컵)을 부어
중간 불에서 50분간 삶는다.
체에 걸러 팥과 팥 삶은 물을 각각 따로 둔다.
★ 팥을 삶는 동안 거품을 계속 걷어낸다.

2 푸드프로세서에 팥과 팥 삶은 물 2컵(100㎖)을
넣고 곱게 간다.
칼국수 삶을 물(5컵)을 끓인다.

3 ②의 팥을 고운 체에 받쳐
①의 팥 삶은 물에 넣고 주걱으로 으깨면서
내린다. 팥 앙금을 곱게 내린 후
체에 남아 있는 껍질은 버린다.
★ ②에서 곱게 갈았을 경우 이 과정은
생략해도 된다.

4 ②의 끓는 물에 칼국수 면을 넣어 센 불에서
5분간 삶은 후 체에 받쳐 찬물에 헹궈
그대로 물기를 뺀다.

5 냄비에 물 1컵(200㎖)과 찹쌀가루를 넣어
섞은 후 ③의 팥 앙금과 소금을 넣고 섞어
중간 불에서 끓인다.

6 중간 불에서 끓어오르면 6분간 끓인 후
칼국수를 넣고 1분간 더 끓인다.
★ 끓이는 중간 눌어붙지 않도록 저어준다.

조리시간 · 1시간 20분~30분
재료 · 2~3인분

□ 팥 1과 1/2컵(240g)
□ 칼국수 면 350g
□ 물 1컵(200㎖)
□ 시판 찹쌀가루 5큰술
□ 소금 1과 1/3큰술

Spring

겨울 추위를 견뎌낸, 봄의 풀내음 가득한 봄나물들,

겨우내 찬 바람을 맞으며 자라난 봄동, 달래와 냉이.

그리고 바다의 새봄을 느낄 수 있는 봄조개, 주꾸미, 꽃게 등 다채로운 봄의 제철재료를 만나보세요.

나른한 춘곤증을 물리쳐 줄 맛과 영양이 가득한 보약이랍니다.

가장 빨리 만나는 봄의 맛
봄동 버섯무침

★ 고춧가루와 다진 마늘 빼고 아이용으로 만들기

독자의 한마디
"봄동은 한 번 구입하면
많이 남는 편인데 그럴 때
가볍게 만들 수 있는 메뉴예요.
봄동을 새송이버섯과
함께 무치니 훨씬
맛있답니다."

조리시간 · 20~30분
재료 · 2~3인분

- □ 봄동 10장
  (손바닥 크기, 100g)
- □ 새송이버섯 1개(또는
  느타리버섯, 표고버섯, 80g)
- □ 소금 1큰술

양념
- □ 들기름 (또는 참기름) 1/2큰술
- □ 고춧가루 1작은술
- □ 통깨 1/2작은술
- □ 다진 마늘 1작은술
- □ 국간장 2작은술
- □ 매실청 (또는 올리고당) 1작은술

1 새송이버섯 데칠 물(3컵) +
소금(1작은술)을 끓인다.
봄동은 1.5cm 폭으로 썰어
줄기와 잎 부분을 따로 둔다.
줄기만 볼에 담아 소금을 뿌려
5분간 절인다.

2 새송이버섯의 밑동을
제거하고 열십(+)자로
4등분한 후 1cm 폭으로
먹기 좋게 썬다.

3 ①의 봄동 줄기는 체에 밭쳐
흐르는 물에 헹군 후
물기를 꼭 짠다.

4 큰 볼에 양념 재료를 넣고
섞는다.

5 ①의 끓는 물에 새송이버섯을
넣고 중간 불에서 1분간
데친다. 체에 밭쳐 찬물에
헹군 후 손으로 물기를 꼭 짠다.

6 ④의 볼에 새송이버섯을 넣고
조물조물 무친 후 봄동을
모두 넣어 가볍게 무친다.

무를 갈아 넣어 산뜻한 맛을 더한
봄동 도토리묵무침

조리시간 · 15~25분
재료 · 2~3인분

- □ 봄동 10장
  (손바닥 크기, 100g)
- □ 도토리묵 1모(320g)
- □ 양파 1/4개
- □ 무 지름 10cm,
  두께 0.7cm(70g)

양념
- □ 고춧가루 1큰술
- □ 통깨 1/2큰술
- □ 다진 마늘 1/2큰술
- □ 식초 1과 1/2큰술
- □ 양조간장 1큰술
- □ 소금 1/2작은술
- □ 설탕 1/2작은술
- □ 참기름 1작은술

독자의 한마디
"새콤달콤한 향이 요리하는
내내 자극해 빨리 먹어보고
싶었어요. 처음부터
도토리묵을 같이 섞으면 부서질
수 있으니 마지막에 넣어
무치는 것이 포인트!"

1 양파는 가늘게 채 썰어
찬물에 10분간 담가
매운맛을 뺀 다음
체에 밭쳐 물기를 뺀다.

2 봄동은 한입 크기로
썬다.

3 도토리묵은 길이 5cm,
두께 1.5cm 크기로 썬다.

4 무는 강판에 간 뒤 양념
재료와 함께 큰 볼에
넣어 섞는다.

5 ④의 볼에 봄동, 양파를 넣고
무친 후 도토리묵을 넣어
가볍게 섞는다.

봄동을 새롭고 맛있게 즐기는 법
봄동채 돼지고기전

독자의 한마디

"쉬운 재료로 간단하게 만드는 전이라 좋아요. 봄동 덕분에 돼지고기를 넣어도 느끼하지 않아요. 아이들에게는 봄동을 더 잘게 다져 주면 잘 먹을 것 같아요."

조리시간 · 25~35분
재료 · 6개분

□ 봄동 10장(손바닥 크기, 100g)
□ 다진 돼지고기 100g
□ 식용유 2큰술

고기 밑간
□ 다진 마늘 1작은술
□ 다진 생강 1/4작은술
□ 양조간장 1작은술
□ 후춧가루 약간

반죽
□ 달걀 1개
□ 부침가루 5큰술
□ 물 5큰술
□ 소금 1/4작은술

양념장
□ 송송 썬 청양고추 1개분
  (생략 가능)
□ 양조간장 1큰술
□ 생수 1/2큰술
□ 식초 1작은술

1 큰 볼에 돼지고기, 고기 밑간
  재료를 넣고 버무려 10분간
  재운다.

2 봄동은 0.5cm 폭으로 채 썬다.
  작은 볼에 양념장 재료를
  넣고 섞는다.

3 ①의 볼에 봄동, 반죽 재료를
  넣고 젓가락으로 섞는다.

4 달군 팬에 식용유를 두르고 ③의
  반죽을 2큰술씩 떠 올려 지름
  7cm, 두께 1cm 크기로 만든다.

5 중약 불에서 앞뒤로 각각
  2분~2분 30초씩 노릇하게
  굽는다. ②의 양념장을 곁들인다.
  ★ 팬의 크기에 따라 나눠 굽거나
  식용유가 부족하면 더한다.

봄의 향을 가득 담은 간단 탕평채

달래 간장 청포묵무침

조리시간 · 20~30분
재료 · 2~3인분

□ 청포묵 1모(또는 동부묵, 400g)
□ 숙주 1줌(50g)
□ 조미 김(A4용지 크기) 1장
□ 참기름 1/2작은술
□ 소금 약간

묵 밑간
□ 소금 1/4작은술
□ 참기름 1작은술

달래 간장
□ 달래 1/2줌(25g)
□ 고춧가루 1/2큰술
□ 생수 2큰술
□ 양조간장 1큰술
□ 통깨 1작은술
□ 매실청(또는 올리고당) 1작은술
□ 후춧가루 약간

독자의 한마디
"달래의 향긋함 덕분에
다가오는 봄을 느낄 수 있었죠.
달래를 송송 썰어 매운맛은
적고, 향은 그대로 남아 있어
아이들도 잘
먹었답니다."

1 청포묵, 숙주 데칠 물(5컵)을 끓인다.
  숙주는 체에 밭쳐 흐르는 물에
  씻은 후 물기를 뺀다.
  달래는 손질한 후 송송 썬다.
  ★ 달래 손질하기 15쪽 참고
  큰 볼에 달래 양념 재료를 넣고 섞는다.

2 청포묵은 4cm 길이, 1cm 두께로
  썬다. 김은 잘게 부순다.

3 ①의 끓는 물에 청포묵을 넣고
  투명해질 때까지 중간 불에서
  30초간 데친 후 체로 건진다.
  그대로 물기를 뺀 후 바로 넓은 그릇에
  펼쳐 담아 묵 밑간 재료와 버무린다.

4 ③의 끓는 물에 숙주를 넣고
  30초간 데친 후 체에 밭쳐
  물기를 뺀 후 그대로 한 김 식힌다.

5 볼에 숙주, 참기름, 소금을 넣어
  버무린 후 ①의 큰 볼에
  ③과 함께 넣고 가볍게 버무린다.
  ②의 김을 올린다.

제철 봄동으로 끓여 달달하고 구수한 맛이 일품인

봄동 새우된장국

독자의 한마디
"집에 있는 재료로 쉽고 맛있게 끓일 수 있는 된장국이에요. 마른 새우를 넣으니 국물 맛이 더 구수했어요."

조리시간 · 25~35분
재료 · 2인분

□ 봄동 15장(손바닥 크기, 150g)
□ 두절 건새우 2/3컵(20g)
□ 홍고추 1개

국물
□ 물 5컵(1ℓ)
□ 국물용 멸치 15마리
□ 다시마 5×5cm
□ 무 지름 10cm 두께 0.7cm
 (70g)

양념
□ 된장 2와 1/2큰술
 (집 된장일 경우 1과 1/2큰술)
□ 고춧가루 1/2작은술
□ 다진 마늘 1작은술
□ 고추장 1/2작은술

1 냄비에 국물 재료를 넣고 센 불에서 끓어오르면 중약 불로 줄여 10분간 더 끓인 후 체에 내린다. 무는 건져 따로 둔다.
★완성된 국물의 양은 3과 1/2컵(700㎖)이며 부족할 경우 물을 더한다.

2 국물 재료의 무는 한입 크기로 썬다.

3 봄동은 3cm 폭으로 썬다. 홍고추는 0.5cm 폭으로 어슷 썬다. 볼에 양념 재료를 넣어 섞는다.

4 냄비에 ①의 국물, 무, 양념을 넣고 센 불에서 끓어오르면 건새우를 넣고 중간 불로 줄여 2분간 끓인다. 봄동을 넣고 3분, 홍고추를 넣고 30초간 더 끓인다.

밥에 쓱쓱 비벼 먹으면 더욱 맛있는
달래 두부청국장

조리시간 · 30~40분
재료 · 2~3인분

- ☐ 달래 1줌(50g)
- ☐ 두부 작은 팩 1모
  (찌개용, 210g)
- ☐ 양파 1/4개
- ☐ 청국장 5큰술(75g)
- ☐ 고춧가루 1작은술
- ☐ 국간장 1작은술

국물
- ☐ 물 3컵(600㎖)
- ☐ 국물용 멸치 10마리
- ☐ 다시마 5×5cm 2장

독자의 한마디
"청국장에 달래의
향긋함이 더해져 훨씬
맛있었어요. 구수하고 깊은
맛이 좋아 어르신들이
특히 좋아하실 것
같아요."

1 냄비에 국물 재료를 넣고
센 불에서 끓어오르면
중약 불로 줄여 5분,
다시마를 건져내고 10분간
더 끓인 후 멸치를 건져낸다.
★완성된 국물의 양은
4컵(800㎖)이며
부족할 경우 물을 더한다

2 달래는 손질한 후
4cm 길이로 썰고, 양파는
2×2cm 크기로 썬다.
★달래 손질하기 15쪽 참고

3 두부는 길게 2등분한 후
1cm 두께로 썬다.

4 ①의 냄비에 양파, 두부를 넣고
센 불에서 끓어오르면
중간 불로 줄여 5분간 끓인다.

5 청국장과 고춧가루를 넣고
풀어 중간 불에서 5분간
더 끓인 후 달래를 넣고
불을 끈다. 국간장으로 간을
더한다.

고기요리에 곁들이기 좋은
달래 오이무침

조리시간 · 15~25분
재료 · 2~3인분

□ 달래 1/2줌(25g)
□ 오이 1/2개(100g)
□ 통깨 약간

양념
□ 된장 1/2큰술
   (집 된장일 경우 1작은술)
□ 고추장 1/2큰술
□ 마요네즈 1작은술
□ 꿀 1/2작은술
□ 참기름 1/2작은술

독자의 한마디
"양념으로 고추장, 된장을 따로 사용했는데, 두 가지를 함께 넣으니 더 고급스러운 맛이네요. 달래 향이 좋고, 오이가 상큼해서 고기 요리에 곁들이면 좋겠어요."

1 큰 볼에 양념 재료를 넣고 섞는다.

2 달래는 손질한 후 3cm 길이로 썬다.
★달래 손질하기 15쪽 참고

3 오이는 겉면을 소금 (1큰술)으로 문지른 후 흐르는 물에 씻는다. 칼로 튀어나온 돌기를 제거한다.
★오이 손질하기 15쪽 참고

4 오이는 길게 2등분한 후 0.5cm 두께로 썬다.

5 ①의 볼에 오이를 넣어 버무린 후 달래를 넣고 살살 버무린다. 그릇에 담고 통깨를 뿌린다.

초간단 한그릇 별미
달래 김비빔밥

조리시간 · 15~25분
재료 · 2~3인분

- □ 따뜻한 밥 2공기(400g)
- □ 달래 1줌(50g)
- □ 파래 김
   (또는 김밥 김, A4용지 크기) 2장

양념

- □ 고춧가루 1/2큰술
- □ 양조간장 2큰술
- □ 통깨 1작은술
- □ 올리고당 2작은술
- □ 참기름 2작은술

독자의 한마디
"간장 양념에 무친 달래와 구운 김만 넣었어도 결코 부족하지 않아요. 밥을 비빌 때는 젓가락으로 비벼야 골고루 잘 섞인답니다."

1 달군 팬에 2장의 김을 겹쳐 올려 약한 불에서 앞뒤로 각각 30초씩 굽는다.

2 구운 김은 잘게 찢는다.

3 달래는 손질한 후 3cm 길이로 썬다.
★ 달래 손질하기 15쪽 참고

4 큰 볼에 양념 재료를 넣고 섞은 후 달래를 넣어 살살 버무린다.

5 그릇에 밥, 구운 김, ④의 달래무침을 올린다.

독자의 한마디
"평소 삶은 돼지고기를
잘 먹지 않는 남편도 최고
라고 하네요. 식어도 맛있어요.
시간과 불 세기만
지키면 절대 실패하지
않아요."

황사철 건강을 지켜주는
달래 소스 삼겹살 스테이크 쌈밥

1 냄비에 삼겹살, 삼겹살 삶는 물 재료를
넣고 센 불에서 끓어오르면 뚜껑을 덮고
약한 불로 줄여 30분간 삶은 후
삼겹살을 건진다.

2 달래는 시든 잎을 떼어내고 둥근 뿌리의
겉질을 벗긴다. 뿌리 속에 있는 검은 부분을
떼어낸다. 깨끗이 씻어 체에 받쳐 물기를 뺀다.

3 달래는 2cm 길이로 썬다.
볼에 달래를 제외한 나머지 달래 소스
재료를 넣고 섞는다.

4 달군 팬에 ①의 삼겹살을 올려
뒤집어가며 센 불에서 3분간 노릇하게
구운 후 그릇에 덜어둔다.

5 ④의 팬을 키친타월로 닦고 ③의 소스를 부어
중간 불에서 끓여 가장자리가 바글바글
끓어오르면 약한 불로 줄이고 삼겹살을 넣어
소스를 끼얹어가며 4분간 조린다.

6 삼겹살을 꺼내 그릇에 덜어둔 후 불을 끄고
달래를 넣어 골고루 섞는다.
삼겹살은 한 김 식힌 다음 0.5cm 두께로 썬다.
그릇에 삼겹살을 담고 달래 소스를 끼얹은 후
밥과 쌈 채소를 곁들인다.

조리시간 · 50~60분
재료 · 2~3인분

□ 따뜻한 밥 2공기(400g)
□ 통 삼겹살 400g
□ 쌈 채소 15~20장

삼겹살 삶는 물
□ 대파(푸른 부분) 30cm
□ 생강 1톨(마늘 크기, 5g)
□ 통후추 1/2작은술
□ 물 5컵(1ℓ)

달래 소스
□ 달래 2줌(100g)
  ★손대중량 11쪽
□ 발사믹 식초 4와 1/2큰술
□ 물 3큰술
□ 양조간장 1과 1/2큰술
□ 올리고당 1과 1/2큰술
□ 후춧가루 약간

알아두세요

나른한 봄의 에너지 식품 달래
비타민 A, B₁, C가 골고루 들어
있어 나른하고 피곤한 몸에
활력을 불어넣는다. 성질이
따뜻하므로 몸에 열이 많은
사람은 많이 먹지 않는 것이 좋다.

달래 활용하기
달래로 만든 음식은 오래 두면
향이 날아가기 때문에 조금씩
만들어 바로 먹는 것이 좋다.

아삭함과 상큼함이 기분 좋은 마리아주
돌나물샐러드 + 유자 드레싱

조리시간 · 15~25분
재료 · 2~3인분

- □ 돌나물 4줌(100g)
- □ 양파 1/4개
- □ 말린 과일 2큰술
  (말린 크랜베리, 말린 블루베리,
  건포도 등, 20g)
- □ 아몬드 슬라이스 3큰술
  (또는 다른 다진 견과류, 30g)

유자 드레싱
- □ 레몬즙 1큰술
- □ 유자청 1큰술
- □ 소금 약간
- □ 포도씨유 2큰술

1 양파는 가늘게 채 썰어
  찬물에 10분간 담가
  매운맛을 없앤 후 체에 밭쳐
  물기를 뺀다.

2 돌나물은 체에 밭쳐 흐르는
  물에 씻은 후 탈탈 털어
  물기를 뺀다. ★돌나물은
  세게 문지르면 풋내가
  날 수 있으므로 최대한
  가볍게 흔들어 씻는다.

3 작은 볼에 포도씨유를
  제외한 유자 드레싱 재료를
  모두 넣고 골고루 섞는다.

4 포도씨유를 조금씩
  넣어가며 골고루 섞는다.
  ★마지막에 포도씨유를
  조금씩 넣어가며 섞어야
  드레싱 재료가 골고루
  섞인다.

5 큰 볼에 모든 재료를 넣고
  유자 드레싱을 뿌린 후
  가볍게 버무린다.

독자의 한마디
"오일류를 마지막에
넣어야 드레싱 재료가 완전히
섞인다는 것을 알게 되었어요.
건과류를 듬뿍 넣어 영양을
더해도 좋을 것
같아요."

잃어버린 입맛을 찾아주는
미나리무침과 구운 두부

조리시간 · 20~30분
재료 · 2~3인분

- □ 두부 큰 팩 1모(부침용, 300g)
- □ 미나리 1줌
     (또는 참나물, 70g)
- □ 소금 1/2작은술
- □ 식용유 1큰술
- □ 들기름 1작은술

양념
- □ 통깨 1/2큰술
- □ 고춧가루 1/2큰술
- □ 양조간장 1/2큰술
- □ 다진 마늘 1작은술
- □ 식초 1/2작은술
- □ 올리고당 1작은술

독자의 한마디
"두부를 들기름에
구워 한층 고소해요.
두부와 미나리무침은
영양적으로도 균형이 맞아
더욱 좋을 것 같네요."

1 두부는 1cm 두께로
  먹기 좋게 썰어
  키친타월에 올린다.

2 소금을 뿌려 5분간 두었다가
  키친타월로 감싸 물기를
  완전히 없앤다.

3 미나리는 시든 잎을
  떼어내고 흐르는 물에 씻어
  체에 받쳐 물기를 빼고
  4cm 길이로 썬다.

4 큰 볼에 양념 재료를 넣어
  섞는다.

5 달군 팬에 식용유, 들기름을
  두르고 두부를 올려
  중약 불에서 3분, 뒤집어서
  2분간 노릇하게 구운 후
  완성 그릇에 담는다.

6 ④의 볼에 미나리를 넣어
  골고루 무친 후 ⑤의 두부에
  곁들인다.

독자의 한마디
"돌나물은 평소
초고추장만 뿌려 먹었는데,
쫄깃한 조갯살이 어우러져 입맛을
돋우어 주네요. 집들이할 때도
어울리고, 다이어트에도
정말 좋은 메뉴예요."

아삭한 돌나물과 쫄깃한 조갯살이 입맛을 돋우는

봄나물 조갯살무침

1 모시조개와 바지락은 잠길 만큼의
물을 담고 비벼가며 씻는다.
냄비에 넣고 청주(1큰술)를 뿌린다.
센 불에서 끓어오르면 중간 불로 줄여
3분간 끓인 후 체에 밭쳐 조개를 건진다.

2 돌나물은 체에 밭쳐 흐르는 물에 씻은 후
탈탈 털어 물기를 뺀다.
영양부추는 4cm 길이로 썬다.

3 양파는 가늘게 채 썰고, 홍고추, 풋고추는
송송 썬다.

4 삶은 조개는 한 김 식힌 후
살을 발라낸다.

5 큰 볼에 양념 재료를 넣어 섞는다.

6 ⑤의 볼에 조갯살을 먼저 넣고 버무린 다음
남은 재료를 모두 넣고 가볍게 버무린다.
★돌나물은 살살 버무려야 풋내가 나지
않는다. 양념을 한 나물은 숨이 죽을 수 있으니
먹기 직전에 버무린다.

조리시간 · 25~35분
재료 · 3~4인분

☐ 해감 모시조개 2봉(400g)
☐ 해감 바지락 1봉(200g)
☐ 돌나물 5줌(125g)
　★손대중량 11쪽
☐ 영양부추 1/3줌(약 15g)
　★손대중량 11쪽
☐ 양파 1/4개
☐ 홍고추 1개
☐ 풋고추(또는 청양고추) 1개

양념
☐ 통깨 1/2큰술
☐ 다진 파 2큰술
☐ 다진 마늘 1/2큰술
☐ 양조간장 2큰술
☐ 설탕 2작은술
☐ 고춧가루 1작은술
☐ 참기름 1작은술

알아두세요
조개국물 활용하기
①번 과정의 조개국물은
보관했다가 다른 국물 요리의
밑국물로 사용하면 좋다.
조개의 이물질을 완전히
제거하기 위해 국물을 고운 체나
면포에 한 번 걸러도 좋다.

독자의 한마디

"입맛을 돋우는 냉이 향을
가득 느낄 수 있는 메뉴예요.
쌈이나 어린잎 채소를 곁들여
손님상에 올려도 좋을 것 같아요.
참, 단맛은 취향에 따라
조절해서 만드세요."

향긋한 냉이의 맛있고 새로운 변신

냉이 소스 훈제오리 비빔밥

1 냉이는 시든 잎을 떼어낸 후 칼로 뿌리와 줄기 사이에 남아있는 흙을 제거한다.

2 칼로 잔뿌리를 긁어낸 후 깨끗하게 씻어 체에 밭쳐 물기를 뺀다.

3 손질한 냉이는 1cm 길이로 썰고, 대파는 송송 썬다. 볼에 냉이, 대파를 제외한 나머지 소스 재료를 넣어 섞는다.

4 달군 팬에 훈제오리를 올려 중간 불에서 앞뒤로 각각 1분씩 노릇하게 구운 후 키친타월에 올려 기름기를 뺀다.

5 ④의 팬을 키친타월로 닦은 후 다시 달궈 식용유를 두른다. 대파를 넣어 중간 불에서 2분간 볶은 후 소스를 붓는다.

6 센 불에서 끓어오르면 약한 불로 줄여 2분, 냉이를 넣고 30초간 저어가며 끓인 후 불을 끈다. 두 개의 그릇에 밥과 훈제오리, 소스를 나눠 담는다.

조리시간 · 25~35분
재료 · 2인분

□ 따뜻한 밥 2공기(400g)
□ 훈제오리 200g
□ 식용유 1/2큰술

냉이 소스
□ 냉이 2줌(40g)
　★손대중량 11쪽
□ 대파(흰 부분) 20cm
□ 물 1/2컵(100㎖)
□ 청주 1큰술
□ 양조간장 1/2큰술
□ 고추장 3큰술
□ 설탕 2작은술
□ 참기름 1/2작은술
□ 통깨 약간

알아두세요
단백질도 풍부한 봄나물, 냉이
채소 중에서 단백질 함량이 가장 많은 냉이는 칼슘과 철분, 비타민 A 등이 풍부해 춘곤증 예방에 효과적이다. 단 성질이 차가워 몸이 찬 사람은 많이 먹지 않는 것이 좋다.

독자의 한마디
"냉이의 매콤하면서도
담백한 향과 아삭한 식감이
돼지고기와 잘 어울리네요.
남편도 아이도, 시금치 넣은
잡채보다 훨씬 더
맛있다고 했지요."

062

제철 냉이의 이색 활용법
냉이잡채

1 돼지고기와 고기 밑간 재료를 넣고 버무려
5분간 재운다. 냉이 데칠 물(5컵)을 끓인다.
★ 등심을 구매했다면 0.5×5cm 크기로
채 썰어 사용한다.

2 양파는 0.5cm 두께로 채 썬다.

3 냉이는 손질한 후 ①의 끓는 물에 넣어
센 불에서 10초간 데쳐 찬물에 완전히 식힌 후
물기를 꼭 짠다.
★ 냉이 손질하기 15쪽 참고

4 달군 팬에 고추기름을 두르고
다진 마늘을 넣어 중약 불에서 30초,
다진 파를 넣고 30초간 볶은 후
중간 불로 올려 양파를 넣고 1분간 볶는다.

5 돼지고기를 넣고 센 불로 올려
2분간 더 볶는다.

6 냉이와 굴소스를 넣고 1분간 볶는다.
불을 끄고 참기름, 통깨를 넣어 섞은 후
꽃빵을 곁들인다.
★ 꽃빵은 제품 포장지에 표시된 대로 익힌다.

조리시간 · 30~40분
재료 · 2인분

☐ 냉이 5줌(100g)
　★ 손대중량 11쪽
☐ 돼지고기 잡채용
　(또는 등심) 150g
☐ 양파 1/2개
☐ 시판 꽃빵 6개(생략 가능)
☐ 고추기름(또는 식용유)
　1과 1/2큰술
☐ 다진 마늘 1작은술
☐ 다진 파 1큰술
☐ 굴소스 2큰술
☐ 참기름 1작은술
☐ 통깨 약간

고기 밑간
☐ 청주 2큰술
☐ 다진 생강 1/4작은술
　(생략 가능)
☐ 후춧가루 약간

밀가루 No, 감자로 만들어 더욱 건강한
참나물 감자전

독자의 한마디
"밀가루나 부침가루 대신
감자를 넣어 더욱 쫄깃쫄깃한
전을 맛볼 수 있어요.
무엇보다 완성 요리가 예뻐
손님 초대상에 꼭
올리고 싶습니다."

조리시간 · 30~40분
재료 · 3개분

□ 참나물 1줌
  (또는 미나리 2/3줌, 50g)
□ 감자 2개(400g)
□ 양파 1/4개
□ 소금 1작은술
□ 식용유 3큰술

양념장
□ 송송 썬 풋고추
  (또는 청양고추) 1개분
□ 양조간장 1큰술
□ 식초 1/2큰술
□ 고춧가루 1작은술
□ 생수 1작은술

1 감자와 양파는
   한입 크기로 썬다.

2 믹서에 감자, 양파, 소금을 넣고
   곱게 갈아 체에 밭쳐 10분간
   물기를 뺀다.

3 참나물은 시든 잎을 떼어내고
   흐르는 물에 씻어 체에 밭쳐
   물기를 뺀 후 9cm 길이로 썬다.

4 작은 볼에 양념장 재료를
   넣고 섞는다.

5 달군 팬에 식용유 1큰술을
   두르고 ②의 반죽 1/3분량을
   올린다. 지름 10cm,
   두께 0.5cm 크기로 펼친 후
   참나물 1/3분량을 올린다.

6 중약 불에서 앞뒤로 각각
   2분~2분 30초씩 노릇하게
   굽는다. 같은 방법으로 2개 더
   구운 후 양념장을 곁들인다.
   ★ 팬의 크기에 따라 나눠
   굽거나 식용유가 부족하면
   더한다.

참나물 잎을 생으로 먹어 향이 진한
참나물 돼지불고기 비빔밥

독자의 한마디

"식욕이 떨어지는 봄철,
향긋한 참나물이 입맛을
돋워 주지요. 봄나물을 좋아하는
신랑에게 다시 해주고 싶네요.
새콤한 깍두기와 함께 먹으면
더 맛있을 것 같아요."

조리시간 · 40~50분
재료 · 2인분

☐ 따뜻한 밥 1과 1/2공기
　(300g)
☐ 돼지고기 앞다리살
　(불고기용) 200g
☐ 참나물 2줌(100g)
☐ 양파 1/2개
☐ 식용유 1작은술

양념

☐ 물 3큰술
☐ 청주 1큰술
☐ 올리고당 1큰술
☐ 된장 2큰술
　(집 된장일 경우 1큰술)
☐ 다진 마늘 2작은술
☐ 참기름 1작은술

1 참나물은 시든 잎을
떼어내고 흐르는 물에
씻어 체에 받쳐 물기를 뺀 후
잎은 한입 크기로 뜯고,
줄기는 4cm 길이로 썬다.

2 양파는 1.5×1.5cm 크기로,
돼지고기는 한입 크기로
썬다.

3 큰 볼에 양념 재료를 넣어
섞은 후 돼지고기와 양파를
넣고 버무려 20분간 재운다.

4 달군 팬에 식용유를 두르고
③을 넣어 센 불에서 3분,
참나물 줄기를 넣어
1분간 볶는다.

5 그릇에 밥과 ④를 담고,
참나물 잎을 올린다.

독자의 한마디 ↗

"양념이 자극적이지 않고,
부드러워서 아이도
잘 먹었어요. 저는 유채겉절이에
홀딱 반했지요. 유자청에 무쳐서
상큼하고, 고기도
느끼하지 않아요."

유자청으로 상큼함을 더한 봄날의 별미

유채겉절이와 돼지고기 양념구이

1 돼지고기는 사방 4cm 크기로 썬다.
★ 두께가 두껍다면 칼 끝부분으로 칼집을
넣은 후 썰어도 좋다.

2 볼에 고기 양념 재료를 넣어 섞은 후
돼지고기를 넣고 30분간 재운다.

3 유채나물은 시든 잎과 굵은 줄기를 손질하고
큰 잎은 손이나 가위를 이용해 한입 크기로
자른다. 흐르는 물에 깨끗이 씻은 후 체에 밭쳐
물기를 뺀다.

4 볼에 유채 양념 재료를 넣고 섞은 후
유채나물을 넣어 살살 무친다.

5 달군 팬에 식용유를 두르고 ②의
돼지고기를 넣어 센 불에서 2분간 볶은 후
중간 불로 줄여 2분 30초간 볶는다.
그릇에 담고 유채겉절이를 곁들인다.

조리시간 · 40~50분
재료 · 2~3인분

□ 돼지고기 목살
   (구이용, 0.5cm 두께) 300g
□ 유채나물 1과 1/2줌(75g)
   ★ 손대중량 11쪽
□ 식용유 1작은술

고기 양념

□ 청주 1큰술
□ 올리고당 1과 1/2큰술
□ 통깨 1작은술
□ 다진 마늘 1작은술
□ 양조간장 1작은술
□ 된장 1작은술
□ 참기름 1작은술
□ 후춧가루 약간

유채 양념

□ 유자청 1과 1/2큰술
   (시럽 1큰술 + 건더기 1/2큰술)
□ 통깨 1작은술
□ 고춧가루 1/2작은술
□ 식초 1작은술
□ 양조간장 1/2작은술
□ 멸치액젓(또는 까나리액젓)
   1작은술
□ 참기름 1작은술

알아두세요
남은 유채나물 보관하기
남은 유채나물은 살짝 데친다.
찬물에 헹궈 물기를 꼭 짠 후
한번 먹을 만한 분량씩 나눠
랩에 싸 냉동 보관한다. 해동 없이
국이나 찌개에 넣거나 실온에서
살짝 해동해 볶음이나 부침으로
만들어 먹으면 좋다.

마늘종 하나로 간단히 만든
마늘종찜

독자의 한마디
"마늘종에 밀가루를 묻혀
찐 다음 고춧가루, 간장 양념만
살짝 버무렸는데 참 맛있네요.
마늘종은 살짝 쪄서 아삭한
식감을 잃지 않아
좋았어요."

조리시간 · 15~25분
재료 · 2인분

□ 마늘종 16줄기(160g)
□ 밀가루 2큰술

양념
□ 다진 파 1큰술
□ 양조간장 2큰술
□ 고춧가루 1작은술
□ 통깨 1작은술
□ 올리고당 2작은술
□ 들기름(또는 참기름)
   2작은술

1 찜기의 1/2지점까지 물을
  붓고 뚜껑을 덮어 센 불에서
  끓인다. 마늘종은 5cm
  길이로 썬다.

2 위생팩에 밀가루와
  마늘종을 넣고 흔들어
  골고루 묻힌 다음 체에 쳐서
  밀가루를 털어낸다.
  ★ 밀가루가 많이 묻어
  있으면 조리시간이 짧아
  익지 않으므로 밀가루가
  얇게 묻도록 체에 쳐서
  털어낸다.

3 김이 오른 찜기에 마늘종을
  넣고 뚜껑을 닫는다.
  중간 불에서 마늘종에 묻은
  밀가루가 투명해질 때까지
  1분간 찐다.

4 볼에 양념 재료를
  넣고 섞는다.

5 ④의 볼에 마늘종을
  넣고 젓가락으로 골고루
  버무린다.

황태채는 촉촉, 마늘종은 아삭한
마늘종 황태채볶음

조리시간 · 25~35분
재료 · 2~3인분

- ☐ 황태채 2컵(60g)
- ☐ 마늘종 10줄기(100g)
- ☐ 소금 1/2작은술
- ☐ 물 2큰술 + 1큰술
- ☐ 식용유 1/2큰술
- ☐ 참기름 1작은술

양념
- ☐ 맛술 1/2큰술
- ☐ 고추장 1과 1/2큰술
- ☐ 통깨 1작은술
- ☐ 설탕 1작은술
- ☐ 다진 파 1작은술
- ☐ 다진 마늘 1/2작은술
- ☐ 양조간장 1/2작은술
- ☐ 참기름 1작은술
- ☐ 후춧가루 약간

독자의 한마디
"황태채와 마늘종,
고추장 양념이 잘 어우러지
네요. 밥반찬으로 먹으면
밥도둑이 따로 없어요. 안주로
먹기에도 전혀 부담이
없을 것 같고요."

1 마늘종은 5cm 길이로 썰어
볼에 담고 소금을 골고루 뿌려
10분간 둔다.

2 황태채는 가위를 이용해
0.5×5cm 크기로 자른다.

3 볼에 황태채를 담고
물(1컵)을 부어 적신 후
바로 물기를 꼭 짠다.

4 큰 볼에 양념 재료를 넣어
잘 섞은 후 1큰술만 덜어두고
황태채, 물 2큰술을 넣어
버무린다.

5 달군 팬에 식용유, 참기름을
두르고 마늘종, ④의 양념 1큰술,
물 1큰술을 넣어 중약 불에서
2분간 볶는다.

6 ④의 황태채를 넣고 중약 불에서
2분 30초간 더 볶는다.

독자의 한마디
"쫄깃한 주꾸미의 식감과
부드러운 버터의 풍미가
정말 잘 어울려요. 씹을수록
깊은 고소함도
느껴지고요."

남녀노소 누구나 좋아하는 메뉴
주꾸미 돼지불고기

1 돼지고기는 한입 크기로 썬 다음
고기 밑간 재료와 섞어둔다.
주꾸미 데칠 물(5컵) + 소금(1작은술)을
끓인다. 주꾸미를 손질한다.
★ 주꾸미 손질하기 14쪽 참고

2 ①의 끓는 물에 주꾸미를 넣고 센 불에서
끓어오르면 1분간 데친다. 찬물에 헹궈
체에 밭쳐 물기를 뺀 후 한 김 식으면
먹기 좋은 크기로 썬다.

3 미나리는 잎을 떼어내고 줄기만 5cm 길이로
썰고, 양파는 1cm 두께로 채 썬다.
대파는 3등분한 후 길이로 반을 갈라
가운데의 심지를 제거하고 가늘게 채 썬다.
찬물에 10분간 담가 매운맛을 없앤 후
체에 밭쳐 물기를 뺀다.

4 볼에 양념 재료를 넣어 섞은 후
2개의 큰 볼에 나눈다. 돼지고기와 양파,
주꾸미를 각각 넣어 버무린다.

5 달군 팬에 식용유를 두르고 양념한
돼지고기와 양파를 넣어 센 불에서 2분간
볶는다. 돼지고기를 팬의 한쪽으로 밀어두고
주꾸미를 넣어 센 불에서 3분 30초간 물기가
없어지도록 볶는다. ★ 뒷다릿살은 살이 많은
부위로 불고기용으로 얇게 썰어 단시간에
볶아야 육질이 부드럽다.

6 주꾸미와 돼지고기를 섞은 후
미나리를 넣고 버무린 다음 불을 끈다.
그릇에 담고 대파채를 올린다.

조리시간 · 40~50분
재료 · 3~4인분

□ 주꾸미 약 10마리(700g)
□ 돼지고기 뒷다릿살
   (불고기용) 300g
□ 미나리 1과 1/2줌(100g)
   ★ 손대중량 11쪽
□ 양파 1개
□ 대파(흰 부분) 15cm
   (생략 가능)
□ 식용유 1큰술

고기 밑간
□ 다진 마늘 1큰술
□ 청주 1큰술

양념
□ 고춧가루 4큰술
□ 설탕 1큰술
□ 통깨 1/2큰술
□ 다진 파 2큰술
□ 다진 마늘 2큰술
□ 양조간장 2큰술
□ 맛술 1큰술
□ 매실청(또는 맛술) 1큰술
□ 고추장 5큰술
□ 소금 1/2작은술
□ 후춧가루 1/5작은술
□ 참기름 2작은술

알아두세요
매실청이 없다면?
매실청은 연육작용을 하고
잡내를 제거하므로
고기를 재울 때 사용하면 좋다.
만약 매실청이 없다면
맛술이나 곱게 간 사과를
3큰술 정도 넣어주면 좋다.

독자의 한마디

"주꾸미 볶은 물을
양념에 사용하는 것이 포인트!
버리지 말고 꼭 사용하세요.
남은 양념에 밥을 볶아
먹는 것 또한
별미랍니다."

유명 낙지 요리 전문점 메뉴의 재탄생
주꾸미 떡볶음

1 큰 볼에 손질한 주꾸미와 밀가루(1큰술)를 넣고 바락바락 주물러 씻는다.
흐르는 물에 헹궈 체에 밭쳐 물기를 뺀다.
★ 주꾸미 손질하기 14쪽 참고

2 끓는 물(3컵)에 조랭이 떡을 넣어 10초간 데친 후 체에 밭쳐 찬물에 헹궈 그대로 물기를 뺀다.
★ 조랭이 떡이 말랑할 경우 생략해도 된다.

3 콩나물은 체에 밭쳐 흐르는 물에 씻은 후 깊은 팬에 물(2컵) + 소금(2작은술)과 함께 넣고 뚜껑을 덮어 센 불에서 6분간 삶는다.
체에 펼쳐 담아 식히면서 물기를 뺀다.
★ 뚜껑이 없다면 프라이팬을 뒤집어 덮어 뚜껑으로 사용해도 좋다.

4 양파는 0.5cm 두께로 채 썬다.
대파는 어슷 썬다. 청양고추는 송송 썬다.
주꾸미는 한입 크기로 썬다.
작은 볼에 양념 재료를 넣고 섞는다.

5 ③의 팬을 닦고 다시 달궈 주꾸미를 넣어 센 불에서 1분간 볶이 불을 끄고 국물 2큰술을 덜어둔 후 체에 밭친다. 주꾸미 볶은 물 2큰술을 ④의 양념에 넣고 섞는다.
★ 주꾸미 볶은 물을 넣으면 요리의 풍미를 한층 살릴 수 있다.

6 ⑤의 팬을 닦고 다시 달궈 식용유를 두르고 양파를 넣어 중강 불에서 1분, 주꾸미, 조랭이 떡, 양념을 넣고 3분간 볶는다.
불을 끄고 콩나물, 대파, 참기름을 넣어 골고루 섞는다.

조리시간 · 50~60분
재료 · 2~3인분

- □ 주꾸미 4~6마리(약 400g)
- □ 조랭이 떡 1컵
  (또는 떡국 떡, 떡볶이 떡, 150g)
- □ 콩나물 4줌(200g)
  ★ 손대중량 11쪽
- □ 양파 1/2개
- □ 대파(푸른 부분) 20cm
- □ 주꾸미 볶은 물 2큰술
- □ 식용유 1큰술
- □ 참기름 1큰술

양념
- □ 청양고추 1개
- □ 고춧가루 2큰술
- □ 통깨 1큰술
- □ 양조간장 1큰술
- □ 올리고당 2큰술

알아두세요
볶음밥으로 즐기기
남은 양념에 밥 1공기(200g), 조미 김 부순 것을 넉넉히 넣어 중간 불에서 5분간 볶는다.

쫄깃하고 아삭하게 씹히는 맛이 좋은
주꾸미 피망잡채

독자의 한마디
"채소를 싫어하는 아이도
좋아했던 메뉴예요.
고기를 넣은 잡채보다
반응이 좋은 중국 스타일의
잡채랍니다. 꽃빵을
곁들여도 맛있어요."

조리시간 · 20~30분
재료 · 3인분

☐ 주꾸미 4마리(280g)
☐ 양파 1/2개
☐ 피망 2개
☐ 식용유 1큰술
☐ 녹말물(감자전분 1작은술
　+ 물 1작은술)

양념
☐ 굴소스 1큰술
☐ 고추기름 1/2큰술
☐ 참기름 1/2큰술
☐ 소금 1/4작은술
☐ 양조간장 1작은술
☐ 올리고당 1작은술

1　주꾸미는 손질한 후
　다리는 가닥가닥 자르고,
　머리는 3등분한다.
　★ 주꾸미 손질하기 14쪽 참고

2　주꾸미 데칠 물(5컵) +
　소금(1작은술)을 끓인다.

3　②의 끓는 물에 주꾸미를 넣고
　중간 불에서 1분 30초간
　데친 후 체에 밭쳐 물기를 빼고
　한 김 식힌다.

4　볼에 양념 재료를 넣고
　섞은 후 주꾸미를 넣는다.
　피망, 양파는 0.5cm 폭으로
　채 썬다.

5　깊은 팬을 달군 후 식용유를
　두르고 양파를 넣어
　센 불에서 30초, 주꾸미를 넣고
　1분간 볶는다.

6　피망을 넣고 30초간 볶다가
　녹말물(넣기 전에 한 번 더 섞을
　것)을 넣어 30초간 더 볶는다.

풍미가 매력적인
주꾸미 마늘종 버터볶음밥

조리시간 · 30~40분
재료 · 2인분

- □ 밥 1과 1/2공기(300g)
- □ 주꾸미 8마리(약 560g)
- □ 마늘종 8줄기(80g)
- □ 마늘 6쪽
- □ 무염버터 1큰술(15g)
- □ 고추장 2큰술
- □ 설탕 1/2작은술
- □ 양조간장 1작은술
  (고추장 염도에 따라 가감)

독자의 한마디
"제철 주꾸미 외에는
모두 쉽게 구할 수 있는
재료라 만들기 편했어요.
부드러운 달걀찜을 곁들이면
잘 어울릴 것
같아요."

1 마늘종은 2cm 길이로 썬다.
마늘은 얇게 편 썬다.

2 주꾸미는 손질한 후
체에 받쳐 물기를 뺀 다음
한입 크기로 썬다.
★주꾸미 손질하기
14쪽 참고

3 깊은 팬을 달군 후 버터를
두르고 약한 불로 줄여
마늘을 넣어 1분 30초,
밥, 고추장을 넣어
1분 30초간 볶는다.

4 주꾸미와 설탕, 간장을 넣고
센 불로 올려 1분 30초,
마늘종을 넣어 1분간 볶는다.

미나리를 넣어 향도 좋고 시원한

맑은 꽃게국

1 양파는 0.5cm 두께로 채 썰고,
애호박은 길이로 2등분한 후 0.5cm 두께로 썬다.
대파와 홍고추는 어슷 썬다.

2 미나리는 지저분한 잎을 떼어내고
4cm 길이로 썬다.

3 무는 열십(+)자로 4등분해 0.5cm 두께로
썬다. 냄비에 조개국물 재료를 넣고 센 불에서
끓어오르면 중약 불로 줄여 3분간 끓인다.
조개를 건진 후 무를 넣어 센 불에서 끓어오르면
중약 불로 줄여 10분간 끓인다.

4 꽃게의 몸통과 게딱지를 분리하여 아가미와
내장을 깨끗하게 제거한다. 가위를 이용해
몸통을 2~4등분하고 다리 끝 쪽의
지저분한 부분을 자른 후 청주를 뿌린다.
★ 꽃게 손질하기 13쪽 참고

5 ③의 냄비에 꽃게, 양파를 넣고 센 불에서
끓어오르면 중약 불로 줄여 10분간 끓인다.
중간에 거품을 계속해서 걷어내야
맑은 국물을 만들 수 있다.
★ 꽃게를 국물에 넣고 1분간은 가만히 둬야
살이 응고되어 국물이 지저분해지지 않는다.

6 애호박, 다진 마늘을 넣고 중간 불에서
5분간 끓인다. 대파와 홍고추, 소금을 넣고
1분간 끓이다가 미나리를 넣고 불을 끈다.

조리시간 · 40~50분
재료 · 3~4인분

□ 꽃게 3마리(약 600g)
□ 무 지름 10cm, 두께 2cm
  (200g)
□ 양파 1/2개
□ 애호박 1/3개
  (또는 주키니 약 90g)
□ 대파 10cm
□ 홍고추 1개
□ 미나리 1/2줌(35g)
  ★ 손대중량 11쪽
□ 청주 1큰술
□ 다진 마늘 1/2큰술
□ 소금 1/2작은술

조개국물

□ 물 11컵(2.2ℓ)
□ 해감 조개 3봉(600g)
□ 청주 1큰술

알아두세요

꽃게 고르기
봄철엔 산란 직전이라 살과 알이
가득 찬 암게가 맛있다. 배 쪽
딱지가 뾰족한 삼각형이면 수게,
넓고 둥그스름한 삼각형이면
암게다. 살아있는 활꽃게는
냉동실에 잠시 얼려 기절시키면
손질하기 편하다. 냉동 꽃게는
냉장실에서 자연 해동하여
사용하는 것이 가장 좋다.

Summer

내리쬐는 열기와 후끈한 습기에 입맛을 잃었을 때

더위를 가시게 하고 입맛을 돋게 해주는 여름 제철 메뉴가 가득하답니다.

지치기 쉬운 계절인 만큼

간결한 레시피와 건강을 챙길 수 있는 보양식으로 준비했습니다.

조림보다 빠르고 볶음보다 가벼운

감자무름

독자의 한마디 ↗
"무름은 단단한 재료를
쪄서 무르게 만든 후
양념한 것이라고 해요. 조림보다
조리시간이 짧고 열량도 낮아
여름 반찬으로
좋아요"

조리시간 · 30~40분
재료 · 2인분

☐ 감자 2개(400g)
☐ 풋고추 1개
☐ 홍고추 1개

양념
☐ 다진 마늘 1큰술
☐ 다진 파 1/2큰술
☐ 양조간장 2큰술
☐ 올리고당 1큰술
☐ 고춧가루 2작은술
☐ 들기름 2작은술

1 찜기의 1/2지점까지
물을 붓고 뚜껑을 덮어
센 불에서 끓인다.
감자는 2등분한 후
0.5cm 두께로 썬다.

2 풋고추와 홍고추는 길게
2등분해 씨를 제거하고
사방 0.5cm 크기로 다진다.

3 찜기에 김이 오르면
감자를 넣고 중간 불에서
7분간 찐 후 불을 끈다.
찜기는 밑의 냄비와
분리한 후 뚜껑을 연 채로
한 김 식힌다.

4 큰 볼에 양념 재료를 넣어
섞은 후 풋고추와 홍고추를
넣고 버무린다. ③의 감자를
넣고 가볍게 버무린다.

포슬포슬 여름 감자가 알맞게 익어 맛있는
감자 새송이버섯볶음

독자의 한마디
"일상 반찬으로,
도시락 반찬으로,
활용도가 높은 메뉴예요.
새송이버섯 대신 그때그때
다른 버섯을 이용해도
좋을 것 같습니다."

조리시간 · 20~30분
재료 · 2~3인분

☐ 감자 1개(200g)
☐ 새송이버섯 2개
　(또는 느타리버섯 약 3줌,
　표고버섯 약 7개, 160g)
☐ 쪽파 2줄기
　(또는 대파 푸른 부분 10cm)
☐ 참기름 1작은술

양념
☐ 양조간장 1과1/2큰술
☐ 올리고당 1큰술
☐ 식용유 1큰술
☐ 통깨 1작은술

1 감자 데칠 물(3컵) + 소금
　(1/2작은술)을 끓인다.
　감자는 사방 2cm 크기로
　썬다.

2 새송이버섯은 밑동을
　제거한 후 사방 2cm 크기로
　썬다. 쪽파는 송송 썬다.

3 작은 볼에 양념 재료를
　넣고 섞는다.

4 ①의 끓는 물에 감자를 넣고
　센 불에서 3분간 데친 후
　체에 밭쳐 그대로 물기를
　뺀다.

5 달구지 않은 팬에
　양념을 넣어 중간 불에서
　30초간 저어가며 끓인다.

6 감자를 넣고 중간 불에서
　1분, 새송이버섯을 넣어
　1분간 더 볶은 후 쪽파,
　참기름을 넣고 섞는다.

영양 만점 아침 식사로 좋은
구운 마늘을 넣은 감자샐러드

독자의 한마디
"감자의 담백함, 베이컨의
짭조름함, 마늘 특유의 향이
어우러져서 참 맛있었어요.
아침에 우유 한 잔과
먹었는데, 든든해요."

조리시간 · 15~25분
재료 · 2~3인분

☐ 감자 2개(400g)
☐ 마늘 10쪽
☐ 베이컨 4줄(약 50g)
☐ 식용유 1작은술
　(생략 가능)

양념
☐ 마요네즈
　(또는 플레인 요구르트)
　1큰술
☐ 머스터드 1/3큰술
☐ 소금 약간
☐ 후춧가루 약간

1 감자 삶을 물(3컵) + 소금(1작은술)을 끓인다.
　감자는 사방 1cm 크기로 썬다.

2 마늘은 얇게 편 썰고, 베이컨은 1cm 폭으로 썬다.

3 ①의 끓는 물에 감자를 넣고 센 불에서 2분 30초~3분간 삶은 후
　체에 밭쳐 물기를 뺀다. ★ 전자레인지(700W)로 익힐 경우에는 감자를
　위생팩에 담고 소금을 약간 뿌려 같은 시간으로 익힌다.

4 달군 팬에 식용유를 두르고 마늘과 베이컨을 넣어 중간 불에서 3분 30초간 볶은 후
　키친타월에 올려 기름기를 뺀다.

5 큰 볼에 양념 재료를 넣어 섞은 후 감자, 마늘, 베이컨을 넣어 살살 버무린다.

매콤 달달한 새로운 밥도둑
알감자 고추장조림

독자의 한마디
"반찬뿐만 아니라 안주로도 좋은 메뉴인 것 같아요. 감자를 조릴 때 부서지지 않도록 살살 지어야 동글동글한 모양이 예쁜 알감자조림을 완성할 수 있답니다."

조리시간 · 50~60분
재료 · 7~8인분

□ 알감자 약 33개(1kg)
□ 식용유 2큰술

양념
□ 물 1과 1/2컵(300㎖)
□ 다시마 5×5cm 2장
□ 고춧가루 1큰술
□ 양조간장 1큰술
□ 고추장 3큰술
□ 설탕 2작은술

1 알감자는 부드러운 수세미(또는 조리용 솔)로 깨끗이 씻은 후 싹이 난 부분은 칼로 도려낸다. ★ 크기에 따라 2등분한다.

2 이쑤시개로 알감자의 군데군데를 찌른다. 볼에 양념을 넣어 섞는다.

3 깊은 팬을 달궈 식용유를 두르고 알감자를 넣어 중간 불에서 8분간 볶은 다음 불을 끈다.

4 양념을 넣어 센 불에서 끓어오르면 약한 불로 줄여 뚜껑을 덮고 30분간 조린다. ★ 바닥에 눌어붙지 않도록 중간중간에 저어준다.

5 뚜껑을 열고 중간 불로 올려 바닥에 국물이 자작하게 남을 정도로 중간중간 저어가며 3~5분간 조린다.

김치 하나만 곁들이면 끝!
감자 새우덮밥

1 생새우살은 물(4컵)에 10분간 담가
  해동한 후 흐르는 물에 헹군다.
  그대로 물기를 빼고 2등분한다.

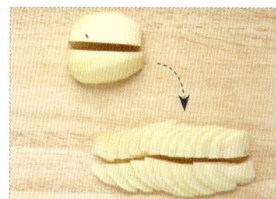

2 감자는 열십(+)자로 썬 후
  0.5cm 두께의 은행잎 모양으로 썬다.

3 쪽파는 송송 썬다.
  볼에 양념 재료를 넣고 섞는다.

4 깊은 팬을 달궈 식용유를 두르고
  새우, 소금, 후춧가루를 넣어 중간 불에서
  30초, 감자를 넣고 1분 30초간 볶은 후
  양념을 넣는다.

5 가장자리가 끓어오르면 중약 불로 줄여
  뚜껑을 덮고 5~6분간 끓인다.
  ★ 중간에 눌어붙지 않도록 저어준다.

6 녹말물(넣기 전에 한 번 더 섞을 것)을 넣고
  30초간 저은 후 불을 끄고 쪽파, 참기름,
  통깨를 넣어 버무린다.
  2개의 그릇에 밥, 감자 새우볶음을
  나눠 담는다.

조리시간 · 25~35분
재료 · 2인분

□ 따뜻한 밥 1과 1/2공기
　(300g)
□ 감자 1개(200g)
□ 냉동 생새우살 15마리
　(킹사이즈, 225g)
□ 쪽파 2줄기
　(또는 대파 15cm)
□ 식용유 1큰술
□ 소금 약간
□ 후춧가루 약간
□ 녹말물(감자전분 1작은술
　+ 물 2큰술)
□ 참기름 1작은술
□ 통깨 약간(생략 가능)

양념
□ 설탕 1/2큰술
□ 양조간장 2큰술
□ 청주 1큰술
□ 고춧가루 1작은술(생략 가능)
□ 후춧가루 약간
□ 물 1/2컵(100㎖)

알아두세요
제철 감자 손질하기 & 보관하기
감자는 나트륨의 배출을 돕는
칼륨이 풍부해 혈압 조절과
신장 건강에 좋다. 조리할 때
쉽게 갈변되므로 껍질을 벗긴 후
바로 사용하지 않을 경우
조리 전까지 물에 담가 두고,
싹이 난 부분은 반드시 도려낸 뒤
사용한다. 하나하나 신문지로
싸서 바람이 잘 통하는 서늘한
곳에 둔다. 사과 1~2개를 함께
넣어두면 싹이 트지 않아 2개월
정도 보관이 가능하다.

튀기듯이 구워 바삭함이 살아 있는
깻잎 감자채전

독자의 한마디
"밀가루를 최소한으로
사용해 건강하게 먹을 수 있어
좋았어요. 깻잎이 바삭해서
정말 맛있네요. 여름밤
안주로도 잘 어울릴 것
같아요."

조리시간 · 30~40분
재료 · 3개분

☐ 감자 1개(200g)
☐ 양파 1/4개
☐ 깻잎 15장
　(또는 부추 약 1/2줌)
☐ 식용유 3큰술

반죽
☐ 밀가루(중력분) 5큰술
☐ 감자전분 3큰술
☐ 물 5큰술
☐ 소금 1/2작은술
☐ 후춧가루 약간

양념장
☐ 고춧가루 1작은술
☐ 다진 파 1작은술
☐ 양조간장 2작은술
☐ 올리고당 1작은술

1 감자 데칠 물(3컵) +
　소금(2작은술)을 끓인다.
　감자는 0.5cm 두께로 채 썬다.

2 양파는 깻잎과 0.5cm 두께로
　채 썬다. 작은 볼에
　양념장 재료를 넣고 섞는다.

3 ①의 끓는 물에 감자를 넣어
　센 불에서 40초간 데친 후 체에
　밭쳐 찬물에 헹궈 물기를 뺀다.

4 큰 볼에 반죽 재료를 넣고 감자,
　양파, 깻잎을 넣어 섞는다.

5 달군 팬에 식용유를 두르고
　④의 반죽 1/3 분량을 올려
　지름 10cm, 두께 0.5cm로
　얇게 펼친다.

6 중간 불에서 앞뒤로 각각
　3~4분씩 노릇하게 구워 양념장을
　곁들인다. 2개 더 굽는다.
　★ 식용유가 부족하면 더한다.

깻잎을 듬뿍 올려 먹는 간단한 볶음밥
깻잎 어묵 볶음밥

조리시간 · 15~20분
재료 · 2인분

☐ 밥 1과 1/2공기(300g)
☐ 깻잎 15장
☐ 양파 1/4개
☐ 사각 어묵 2장(100g)
☐ 식용유 1큰술

양념

☐ 고춧가루 1/2큰술
☐ 물 2큰술
☐ 양조간장 1과 1/2큰술
☐ 청주 1큰술
☐ 설탕 1작은술
☐ 다진 마늘 1작은술

독자의 한마디
"더운 여름, 빨리 만들어서
맛있게 먹을 수 있는 정말
편한 메뉴랍니다! 아이들이
먹어도 괜찮을 정도의
매운맛이에요."

1 깻잎은 돌돌 말아
0.5cm 폭으로 채 썬다.
양파는 0.5cm 두께로
채 썰고, 어묵도 길이로
2등분한 후 0.5cm 폭으로
채 썬다.

2 볼에 양념 재료를 넣어
섞는다.

3 달군 팬에 식용유를 두르고
양파와 어묵을 넣어
중간 불에서 3분간 볶는다.
★ 어묵은 충분히 볶아야
특유의 냄새를 없앨 수 있다.

4 양념을 넣고 중간 불에서
30초, 밥을 넣고 3분간
볶는다. 불을 끄고 깻잎을
넣어 섞는다.

한식으로 손님상을 준비할 때
영양부추 차돌박이샐러드

1 볼에 차돌박이와 고기 밑간 재료를 넣고
버무려 10분간 재운다.
★ 차돌박이 기름을 제거해도 좋다.

2 양파는 가늘게 채 썬 후
찬물에 10분간 담가 매운맛을
제거해 체에 밭쳐 물기를 뺀다.
영양부추는 4cm 길이로 썬다.

3 큰 볼에 양념 재료를 넣고 섞는다.

4 달군 팬에 차돌박이를 넣고 중간 불에서
3분 30초~4분간 익을 때까지 볶는다.
★ 고기의 두께에 따라 익히는 시간을
가감한다.

5 키친타월에 올려 기름을 뺀다.

6 ③의 볼에 양파, 영양부추를 넣고 버무린 후
차돌박이를 넣어 다시 버무린다.
★ 그릇에 차돌박이, 양파, 영양부추를 각각
담고 양념을 곁들여도 좋다.

조리시간 · 25~35분
재료 · 2~3인분

□ 쇠고기 차돌박이 400g
□ 양파 1/2개
□ 영양부추 1과 1/2줌
　(또는 부추, 75g)
　★ 손대중량 11쪽

고기 밑간
□ 청주 2큰술
□ 다진 마늘 1과 1/2작은술
□ 후춧가루 1/4작은술

양념
□ 양조간장 3과 1/2큰술
□ 식초 3큰술
□ 올리고당 2큰술
□ 연와사비 1과 1/2작은술
　(기호에 따라 가감)
□ 생수 1/2컵(100㎖)

알아두세요
차돌박이 고르기
쇠고기 차돌박이는 살코기 속에
하얀 지방이 차돌처럼 박혀있는
부위로 쫀득하고 꼬들꼬들한
식감이 좋아 여러 요리에
사용된다. 지방과 살코기의 색이
선명하고 선홍색을 띠며
윤기가 나는 것이 좋다.
두께가 두꺼운 것은 질기므로
얇은 것을 고른다.

독자의 한마디
"영양 만점에 맛도 있는데,
금방 만들 수 있어 더 좋았어요.
덕분에 나른한 주말 점심을
상큼하게 해결했지요.
남편도 얼마든지 맛있게
만들 수 있는 메뉴!"

주말에 해먹기 딱 좋은 간단 국수
영양부추 비빔국수

1 영양부추는 4cm 길이로 썬다.

2 끓는 물(10컵)에 소면을 펼쳐 넣어
센 불에서 끓어오르면 찬물(1컵)을 넣고
1분 30초~2분간 삶은 후 체에 밭쳐
찬물에 헹궈 그대로 물기를 뺀다.

3 큰 볼에 비빔장 재료를 넣고 섞는다.

4 볼에 양념 재료를 넣고 골고루 섞은 후
영양부추를 넣어 버무린다.

5 ③의 볼에 소면을 넣고 버무린다.

6 소면을 그릇에 담고 ④의 영양부추무침을
올려 함께 비벼 먹는다.

조리시간 · 15~25분
재료 · 2인분

□ 소면 2줌(140g)
  ★손대중량 11쪽
□ 영양부추 1줌(또는 부추, 50g)
  ★손대중량 11쪽

양념
□ 설탕 1/3작은술
□ 고춧가루 1/2작은술
□ 멸치액젓(또는 까나리액젓)
  1작은술

비빔장
□ 양조간장 2큰술
□ 설탕 2작은술
□ 통깨 1작은술
□ 고춧가루 1/2작은술
□ 다진 마늘 1/2작은술
□ 식초 2작은술
□ 참기름 1작은술

알아두세요
남은 영양부추로 전 부치기
남은 영양부추로 고소한 영양부추
검은깨전을 만들어보자.
쫄깃한 식감을 위해 찹쌀가루
2큰술과 부침가루 1컵을 섞고,
영양부추 2줌(100g), 물 1컵,
소금 2작은술을 넣어 반죽을
만든 후 검은깨를 넣고 잘 섞는다.
팬에 올려 노릇하게 구워
양념 간장을 곁들인다.

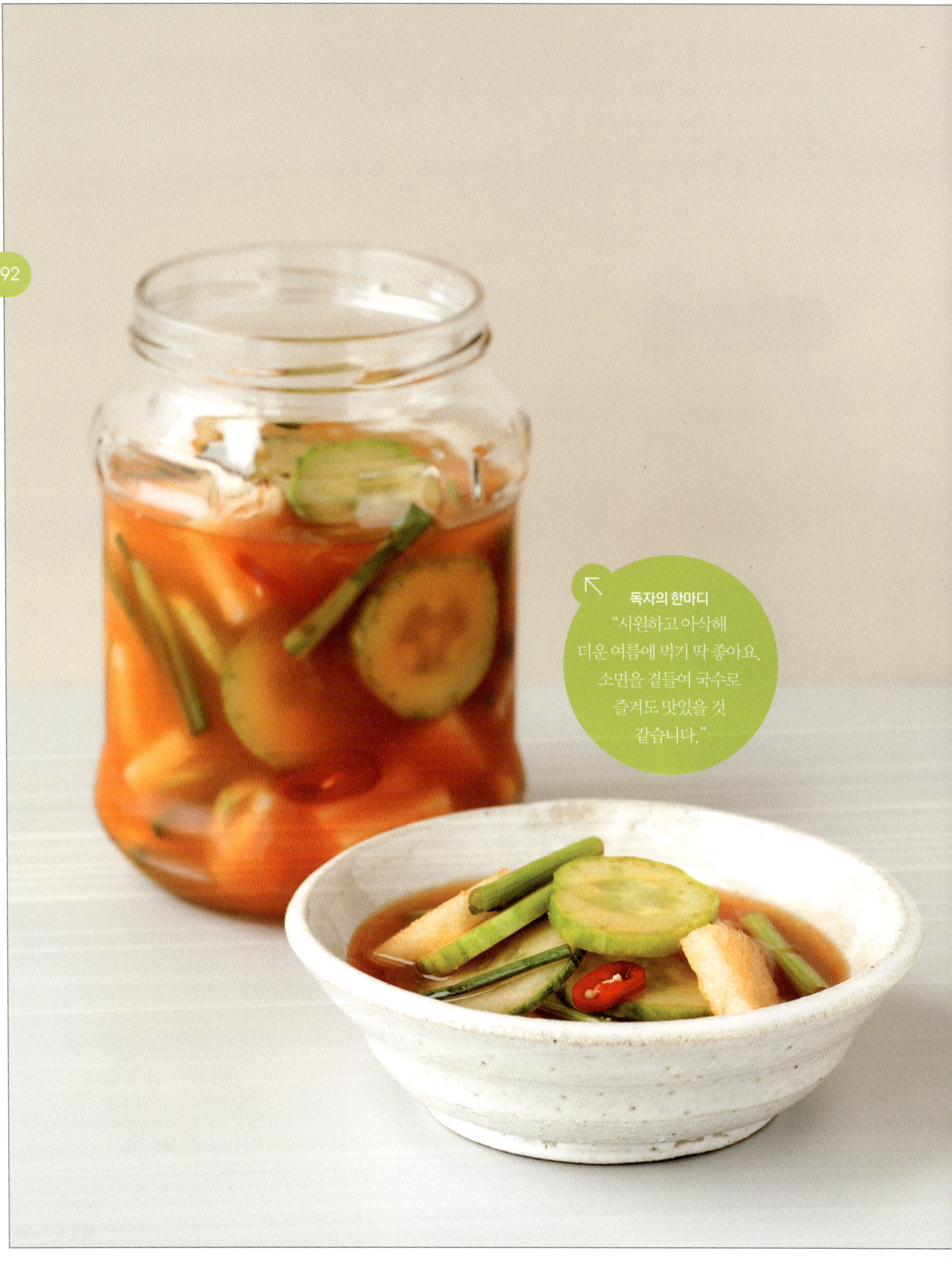

독자의 한마디

"시원하고 아삭해
더운 여름에 먹기 딱 좋아요.
소면을 곁들여 국수로
즐겨도 맛있을 것
같습니다."

여름철 수분 보충에 좋은
오이 나박김치

1 오이 겉면은 소금(1큰술)으로 문질러
흐르는 물에 헹군다. 칼로 튀어나온 돌기를
제거한 후 모양대로 0.3cm 두께로 얇게 썬다.
★ 오이 손질하기 15쪽 참고

2 무와 배는 사방 2cm 크기, 0.5cm 두께로
나박하게 썬다. 쪽파는 2cm 길이로 썰고,
마늘은 가늘게 채 썬다. 홍고추는 송송 썬다.

3 밀폐 용기에 오이, 무, 소금을 넣고
살살 버무린 후 뚜껑을 덮지 않은 채
실온에서 30분간 둔다.

4 볼에 국물 재료를 넣어 섞은 후
③의 밀폐 용기에 붓고 골고루 섞는다.

5 젖은 면포에 고춧가루, 다진 생강을 넣어
감싼 후 ④의 밀폐 용기에 넣고 2분간
손으로 문지르면서 고춧가루를 풀어준다.
★ 고춧가루와 다진 생강은 면포에 넣어
즙만 사용해야 국물이 깔끔하다.

6 배, 쪽파, 마늘, 홍고추를 넣고 섞는다.
뚜껑을 덮어 실온에서 6시간 숙성시킨 후
냉장실에 보관한다(2~3주).
★ 숙성시킨 후 냉장실에 하루 정도 두었다가
먹어야 간이 배어 맛있다.

조리시간 · 20~30분
(+ 절이기 30분,
숙성시키기 6시간)
재료 · 2~3인분

□ 오이 1개(200g)
□ 무 지름 10cm,
  두께 1cm(100g)
□ 배 1/10개(또는 무, 50g)
□ 쪽파 3줄기
  (또는 미나리 5줄기)
□ 마늘 1쪽
□ 홍고추(또는 풋고추) 1개
□ 소금 1작은술
□ 고춧가루 1큰술
□ 다진 생강 1작은술

국물
□ 식초 1과 1/2큰술
□ 설탕 2작은술
□ 소금 1작은술
□ 생수 2컵(400㎖)

알아두세요
오이, 왜 여름에 먹으면 좋을까?
수분 함량이 95% 이상인
오이는 차가운 성질을 가지고
있어 체내의 열을 내리고
갈증 해소에 도움을 준다. 또한
비타민 C가 풍부해 햇빛으로
지친 피부에도 도움을 준다.

구운 고기나 국수 요리에 곁들이면 더욱 맛있는
매콤 새콤 오이무침

조리시간 · 15~25분
재료 · 2~3인분

- 오이 1개(200g)
- 홍고추 1/4개(생략 가능)
- 소금 1과 1/4작은술

양념

- 설탕 1/2큰술
- 식초 2큰술
- 고추기름(또는 포도씨유) 1큰술
- 다진 마늘 1작은술

1 오이 겉면을 소금(1큰술)으로 문지른 후 흐르는 물에 씻는다. 칼로 튀어나온 돌기를 제거한다.
★ 오이 손질하기 15쪽 참고

2 쓴맛이 나는 오이의 양 끝을 잘라내고 5cm 길이로 토막낸 후 길이로 4등분해 씨를 제거한 다음 1cm 두께로 채 썬다.
★ 오이씨를 제거하면 물이 덜 생기고 오이가 부서지지 않아 깔끔하다.

3 큰 볼에 오이와 소금을 넣고 버무려 10분간 절인 후 물기를 꼭 짠다.

4 홍고추는 잘게 다진다. 큰 볼에 홍고추와 양념 재료를 넣고 섞는다.

5 ④의 볼에 오이를 넣어 무친다.

불 없이 뚝딱 만들 수 있는
오이고추 토장무침

조리시간 · 10~20분
재료 · 2~3인분

☐ 오이고추 6개
　　(또는 풋고추 10개, 약 180g)

양념
☐ 다진 마늘 1/2큰술
☐ 올리고당 1큰술
☐ 된장 2큰술
　　(집 된장일 경우 1과 1/2큰술)
☐ 참기름 1/2큰술
☐ 고춧가루 1작은술
☐ 통깨 1/2작은술
☐ 고추장 1작은술

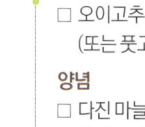

독자의 한마디
"여름철 캠핑장에서
간단하게 만들어 먹기
좋을 것 같아요.
특히 구운 고기와 함께
쌈을 싸 먹으면
딱! 이겠어요."

1 오이고추는 꼭지를 뗀 후
1.5cm 폭으로 송송 썬다.

2 큰 볼에 양념 재료를 넣어
섞는다.

3 ②의 볼에 오이고추를 넣고
무친다.
　★ 냉장실에서 2~3일간
　보관 가능하다.
　★ 집 된장을 사용한 경우
　염도가 더 높을 수 있으니
　양념 1큰술을 덜어두고
　버무린 후 맛을 보면서
　조금씩 양념을 더한다.

독자의 한마디
"아삭하게 볶은 오이와
부드라운 쇠고기를 곁들인
간장 비빔면입니다.
입맛 없는 여름에 먹기
좋은 메뉴이지요."

입맛 살리는 간단한 면 요리
오이 쇠고기비빔면

1 오이는 손질해 5cm 길이로 썬 후 씨가 나올
때까지 얇게 돌려 깎아 0.2cm 두께로 채 썬다.
★오이 손질하기 15쪽 참고
양파는 가늘게 채 썬 후 오이, 채소 절임 양념과
함께 조물조물 무쳐 10분간 절인 다음 물기를 꼭
짠다. ★오이씨를 제거하면 물이 덜 생기고
오이가 부서지지 않아 깔끔하다.

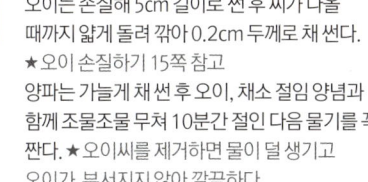

2 볼에 양념 재료를 넣어 섞는다.
다른 볼에 쇠고기, 고기 밑간,
섞어 놓은 양념 3큰술을 넣어 버무린다.
소면 삶을 물(10컵)을 끓인다.

3 달군 팬에 식용유 1작은술을 두르고
①을 넣어 중간 불에서 1분 30초간 볶은 후
그릇 한쪽에 덜어둔다.

4 ③의 팬을 키친타월로 닦은 후
식용유 1/2작은술을 두르고
②의 쇠고기를 넣어 중간 불에서
2분간 볶아 ③의 그릇 한쪽에 덜어둔다.

5 ②의 끓는 물에 소면을 펼쳐 넣어
센 불에서 끓어오르면 찬물(1컵)을 넣고
1분 30초~2분간 삶은 후 체에 밭쳐
찬물에 헹궈 그대로 물기를 뺀다.
★찬물에 여러 번 헹궈 전분기를 제거해야
쫄깃한 면발을 만들 수 있다.

6 큰 볼에 소면을 담고 ②의 남은 양념을 넣어
골고루 버무린다. 두 개의 그릇에 소면을
나눠 담고 위에 오이와 양파, 쇠고기를 얹은 후
참기름과 통깨를 뿌린다.

조리시간 · 30~40분
재료 · 2인분

□ 소면 2줌(140g)
  ★손대중량 11쪽
□ 오이 1개(200g)
□ 쇠고기 잡채용 100g
□ 양파 1/8개
□ 식용유 1작은술 + 1/2작은술
□ 참기름 약간
□ 통깨 약간

채소 절임 양념
□ 소금 1/4작은술
□ 설탕 1/3작은술

고기 밑간
□ 청주 1/2큰술
□ 후춧가루 약간

양념
□ 설탕 2/3큰술
□ 다진 파 1/2큰술
□ 양조간장 2큰술
□ 다진 마늘 1작은술

098

독자의 한마디
"주말 오후, 온 가족이
간단한 식사로 즐기기에
좋은 메뉴예요.
집에 있는 오이소박이를
사용하면 더 간편하게
만들 수 있답니다."

아삭한 오이에 개운한 국물까지
오이 물국수

1 오이 겉면을 소금(1큰술)으로 문지른 후
흐르는 물에 씻는다. 칼로 튀어나온 돌기를
제거한 후 길이로 2등분해 0.3cm 두께로
어슷 썬다. 부추는 3cm 길이로 썬다.
★ 오이 손질하기 15쪽 참고

2 볼에 오이, 소금을 넣어 골고루 섞은 다음
20분간 절인다. 큰 볼에 오이 양념 재료를,
다른 볼에 소면 양념 재료를 넣고 섞는다.

3 ②의 오이를 체에 밭쳐 찬물에 살짝 헹구고
키친타월로 감싸 물기를 제거한다.

4 소면 삶을 물(10컵)을 끓인다.
오이 양념이 담긴 볼에 오이와 부추를 넣고
버무려 랩을 씌운 다음 먹기 직전까지
냉장실에 보관한다.

5 ④의 끓는 물에 소면을 펼쳐 넣고
센 불에서 끓어오르면 찬물(1컵)을 넣어
1분 30초~2분간 삶은 후 체에 밭쳐
찬물에 헹궈 그대로 물기를 뺀다.

6 소면 양념이 담긴 볼에 소면을 넣고 버무려
두 개의 그릇에 나눠 담는다.
④를 올린 후 냉면 육수를 붓는다.

조리시간 · 15~25분
(+ 오이 절이기 20분)
재료 · 2인분

□ 소면 2줌(140g)
  ★ 손대중량 11쪽
□ 시판 냉면 육수
  1과 1/2컵(300㎖)
□ 오이 1개(200g)
□ 부추 1/2줌(25g)
  ★ 손대중량 11쪽
□ 소금 1작은술

오이 양념
□ 생수 1큰술
□ 고춧가루 2작은술
□ 다진 마늘 1작은술
□ 멸치액젓
  (또는 까나리액젓) 1작은술
□ 매실청
  (또는 올리고당) 1작은술
□ 새우젓 1/2작은술

소면 양념
□ 통깨 1/2큰술
□ 식초 1큰술
□ 매실청 2큰술
□ 올리고당 1큰술
□ 고추장 2큰술
□ 다진 마늘 1작은술

알아두세요
매콤하게 즐기기
취향에 따라 냉면 육수에
다진 마늘 1작은술,
송송 썬 청양고추 1개분를 넣어
매콤하게 즐겨도 좋다.

독자의 한마디

"어른, 아이 모두 좋아하는 돼지고기 두루치기에 제철 가지를 더해 간단히 만든 반찬이에요. 덮밥으로 활용해도 좋을 것 같아요."

매콤하게 볶아 입맛 살리는
가지두루치기

1 돼지고기는 한입 크기로 썬다.
큰 볼에 양념 재료를 넣어 섞은 후
돼지고기를 넣고 버무려 실온에서 15분간
재운다. ★양념에 재우는 시간을 늘릴수록
양념이 잘 배어 더욱 맛이 좋아진다.

2 가지는 3등분한 후
손가락 두께 정도로 6~8등분한다.
대파는 어슷 썬다.

3 달군 팬에 가지를 넣어 중간 불에서
2분간 볶아 그릇에 덜어둔다.

4 ③의 팬에 식용유를 두르고 ②의
대파 3~4개를 넣어 약한 불에서 30초,
돼지고기를 넣어 중간 불로 올려 3분간 볶는다.
★식용유에 대파를 먼저 볶으면
향이 살아나 맛이 한층 좋아진다.

5 볶은 가지와 남은 대파를 넣어
중간 불로 줄여 1분간 볶는다.

조리시간 · 25~35분
재료 · 2인분

□ 가지 1개(150g)
□ 돼지고기 목살 200g
□ 대파(흰 부분) 10cm
□ 식용유 1/2큰술

양념
□ 설탕 1큰술
□ 고춧가루 1큰술
□ 다진 파 1과 1/2큰술
□ 다진 마늘 1큰술
□ 양조간장 1큰술
□ 청주 1큰술
□ 올리고당 1큰술
□ 고추장 2큰술
□ 소금 1작은술
□ 후춧가루 약간

알아두세요
가지, 더 영양가 있게 먹기
가지의 보라색을 띠게 하는
안토시아닌 색소는
활성산소의 생성을 억제하여
암이나 동맥경화, 고혈압 예방에
효과적이다. 기름에 볶거나
튀기면 가지에 들어있는
식물성 지방인 리놀산과
지용성 비타민인 비타민 E의
섭취율을 높일 수 있다.

102

간단하게 즐기는 일본식 덮밥
가지덮밥

1 가지는 3등분한 후 손가락 두께 정도로
6~8등분한다. 소금을 뿌려 10분간 절인 다음
키친타월로 감싸 물기를 없앤다.

2 냄비에 가쓰오부시를 제외한 가쓰오부시
국물 재료를 넣고 센 불에서 끓어오르면
중약 불로 줄여 5분간 끓인 다음 불을 끈다.
다시마는 건져내고 가쓰오부시를 넣어
5분간 그대로 둔 후 체에 거른다.
★완성된 국물의 양은 2컵(400㎖)이며 부족할
경우 물을 더한다.

3 양파는 0.5cm 두께로 채 썰고
대파는 얇게 어슷 썬다.
팽이버섯은 밑동을 제거한 후 찢고,
볼에 달걀을 넣어 푼다.

4 센 불로 달군 팬에 식용유를 두르고
중간 불로 줄여 가지를 넣고
2분간 색이 나도록 볶는다.

5 냄비에 ②의 국물 2컵(400㎖)과
양념 재료를 넣고 센 불에서 끓어오르면
양파를 넣어 중간 불로 줄여 3분간 끓인다.

6 팽이버섯을 넣고 중약 불에서 2분간 끓인다.
달걀물을 둘러가며 부은 후 젓지 말고
중간 불에서 30초간 끓인 다음,
가지와 대파를 넣고 불을 끈다.
2개의 그릇에 밥과 함께 나눠 담는다.

조리시간 · 30~40분
재료 · 2인분

☐ 따뜻한 밥 1과 1/2공기
(300g)
☐ 가지 1개(150g)
☐ 양파 1/2개
☐ 대파(푸른 부분) 20cm
☐ 팽이버섯 1과 1/2줌(75g)
★손대중량 11쪽
☐ 달걀 2개
☐ 소금 1/3작은술
☐ 식용유 1큰술

가쓰오부시 국물
☐ 물 2와 1/2컵(500㎖)
☐ 다시마 5×5cm
☐ 가쓰오부시 1컵(5g)

양념
☐ 설탕 1큰술
☐ 맛술 2큰술
☐ 양조간장 4큰술

알아두세요
전자레인지로 가지 익히기
내열 용기에 키친타월을 깔고
가지를 올린 후 랩을 씌워
전자레인지(700W)에 넣고
3분 30초간 익힌다.

구수한 맛이 일품인
가지 된장지짐이

조리시간 · 20~30분
재료 · 2~3인분

□ 가지 2개(300g)
□ 소금 1/2작은술

양념
□ 양파 1/4개
□ 풋고추 2개
□ 홍고추 1개
□ 고춧가루 1/2큰술
□ 다진 마늘 1큰술
□ 된장 2큰술
　(집 된장일 경우 1과 1/2큰술)
□ 들기름 1작은술
□ 물 1과 1/2컵(300㎖)

독자의 한마디
"보기만 해도 건강함이
팍팍 느껴지는 반찬이지요.
가지를 레시피에 나와 있는
크기대로 정확하게 썰어야
물러지지 않아요."

1 가지는 3등분한 후
　손가락 두께 정도로
　6~8등분한다.

2 큰 볼에 가지, 소금을 넣고
　골고루 섞어 5분간 절인다.

3 양파, 풋고추, 홍고추는
　굵게 다진다.

4 ②의 가지는 찬물에 헹궈
　물기를 꼭 짠다.

5 냄비에 양념 재료를 넣어
　중간 불에서 끓어오르면
　가지를 넣고 중약 불로 줄여
　뚜껑을 덮고 10분간 조린다.
　이 때 중간중간 저어준다.

고소한 맛과 부드러운 식감이 좋은
가지 애호박전

조리시간 · 15~25분
재료 · 10개분

105

□ 가지 1/2개(75g)
□ 애호박 1/2개(135g)
□ 식용유 2큰술

반죽
□ 달걀 1개
□ 부침가루 8큰술
□ 물 5큰술
□ 소금 약간

양념장
□ 물 1큰술
□ 식초 1큰술
□ 양조간장 1큰술
□ 고춧가루 1작은술
□ 설탕 1작은술

독자의 한마디
"평소 가지를 좋아하지 않는
저도 매우 맛있게 먹었어요.
전을 구울 때 가지의 수분 때문에
반죽이 묽어져 뒤집을 때
찢어질 수 있으니 작게
부치세요."

1 가지와 애호박은
0.5cm 두께로 채 썬다.

2 작은 볼에 양념장 재료를
넣어 섞는다.

3 큰 볼에 반죽 재료를
넣고 섞는다.

4 ③의 볼에 가지와 애호박을
넣고 가볍게 한 번 더 섞는다.

5 달군 팬에 식용유를 두르고
④의 반죽을 1큰술씩 올려
지름 6cm, 두께 1cm로 편다.

6 중간 불에서 앞뒤로 각각
1분 30초씩 노릇하게 굽는다.
②의 양념장을 곁들인다.
★ 팬의 크기에 따라 나눠
굽거나 식용유가 부족하면
더한다.

독자의 한마디
"달착지근하게 익은
애호박의 향취와 돼지고기의
감칠맛이 잘 어우러져요.
새우젓을 넣었더니
맛이 깔끔하네요."

새우젓이 들어가야 제맛인
애호박 돼지고기찜

1 애호박은 길이로 2등분한 후 1cm 두께로 썬다.
소금을 뿌려 5분간 절인 후
키친타월로 감싸 물기를 없앤다.
대파는 송송 썬다.

2 돼지고기는 한입 크기로 썰어
고기 밑간 재료와 함께 버무린다.

3 약한 불로 달군 냄비에 참기름을 두르고
고춧가루를 넣어 중약 불에서 1분간
타지 않도록 볶는다.

4 양조간장, 돼지고기를 넣고 중간 불에서
30초간 볶는다.

5 애호박을 넣고 30초간 더 볶는다.
불을 낮고 중약 불에서 5분간 끓인다.
중간중간 양념이 잘 섞이도록 저어준다.

6 새우젓을 넣고 뚜껑을 덮은 채로
중약 불에서 5분, 대파를 넣어
30초간 끓인 다음 불을 끈다.
그대로 5분간 뜸들인다.

조리시간 · 30~40분
재료 · 2인분

- □ 애호박 1개(270g)
- □ 돼지고기 뒷다리살
  (불고기용) 150g
- □ 대파(흰 부분) 10cm
- □ 소금 1/3작은술
- □ 참기름 1과 1/2큰술
- □ 고춧가루 1과 1/2큰술
- □ 양조간장 1작은술
- □ 물 1/2컵(100㎖)
- □ 새우젓(건더기 + 국물) 1큰술

고기 밑간

- □ 후춧가루 약간
- □ 다진 마늘 1/2작은술
- □ 청주 1작은술

알아두세요
애호박 보관하기 & 조리하기
애호박은 다른 호박과 달리
껍질이 연하기 때문에
저장기간이 짧다. 썰지 않은
애호박은 물기 없는 상태로
신문지나 키친타월에 싸서
습기 없는 그늘진 곳에 보관하고,
조리 후 남은 것은 물기를 닦아낸
후 랩으로 싸서 냉장 보관한다.
조리할 때는 빨리 익기 때문에
모양이 망가지지 않도록
도톰하게 써는 것이 좋다.

애호박과 어묵으로 간단하게 만든
애호박 어묵잡채

독자의 한마디
"양념이 더해진 물에
당면을 삶아 번거로움을
최대한 줄였네요. 애호박의
식감이 좋아 잡채에
잘 어울렸어요."

조리시간 · 25~35분
(+ 당면 불리기 30분)
재료 · 2~3인분

□ 당면 3/4줌(75g)
□ 애호박 1/3개(90g)
□ 사각 어묵 1장(50g)
□ 소금 1/4작은술
□ 식용유 1작은술 + 1작은술
□ 참기름 1큰술
□ 통깨 1큰술

당면 삶을 물

□ 설탕 3큰술
□ 다진 마늘 1큰술
□ 양조간장 4큰술
□ 식용유 1큰술
□ 후춧가루 약간
□ 물 2컵(400㎖)

1 큰 볼에 당면과 잠길 만큼의 찬물을 부어 30분간 불린다.
애호박은 0.5cm 두께로 채 썰어 그릇에 담아 소금을 뿌려
5분간 절인 후 키친타월로 감싸 물기를 없앤다.
어묵도 4cm 길이, 0.5cm 두께로 채 썬다.

2 달군 팬에 식용유 1작은술을 두르고 어묵을 넣어
센 불에서 30초간 볶는다.

3 식용유 1작은술을 더 두르고 애호박을 넣어 1분간 볶는다.

4 냄비에 당면 삶을 물 재료를 넣고 중간 불에서 끓어오르면
불린 당면을 넣고 2분 30초간 삶은 후 체에 밭쳐 물기를 뺀다.

5 당면을 넓은 그릇에 펼쳐 한 김 식힌 후 참기름을 넣고 버무린다.

6 ⑤의 그릇에 ③의 볶은 애호박과 어묵을 넣고 버무린 후
통깨를 뿌린다.

쌀뜨물과 마른 새우로 간편하게 끓인
근대된장국

조리시간 · 25~35분
재료 · 2인분

- □ 근대 2와 1/2줌(125g)
- □ 두절 건새우 1과 2/3컵
  (50g)
- □ 대파(흰 부분) 10cm
- □ 쌀뜨물 4컵(800㎖)
- □ 소금 1작은술

양념

- □ 된장 2큰술
  (집 된장일 경우 1큰술)
- □ 고추장 2/3큰술
- □ 다진 마늘 1작은술

1 근대 데칠 물(3컵) + 소금(1큰술)을 끓인다.

2 근대는 줄기 끝 부분을 자른 후 섬유질을 벗겨낸 다음
①의 끓는 물에 넣어 중간 불에서 1분간 데친다.
찬물에 헹궈 물기를 꼭 짠 후 3cm 폭으로 썬다.
★ 근대를 데친 다음 국을 끓이면 수분이 빠지는 것을 막아 줘
식감이 무르지 않고 살아있다.

3 대파는 어슷 썬다. 볼에 양념 재료를 넣고 섞은 후 다른 볼에 1/2 분량을 덜어
근대를 넣고 무친다.

4 냄비에 쌀뜨물과 남은 양념을 넣고 푼 다음 건새우를 넣어 센 불에서 끓어오르면
중간 불로 줄여 5분간 끓인다.

5 ③의 근대를 넣어 중간 불에서 끓어오르면 5분, 대파와 소금을 넣고 1분간 끓인다.

독자의 한마디
"재료가 많지 않아 뚝딱!
만들 수 있는 된장찌개예요.
저녁 식사로 가족들과 함께
먹으면 좋겠어요. 호박잎을 건져
밥에 싸 먹으니 구수한 맛이
별미네요."

왕초보 홈파티 1등에 빛나는
호박잎 된장찌개

1 냄비에 국물 재료를 넣고 센 불에서
끓어오르면 중약 불로 줄여 5분간 더 끓인다.

2 다시마를 건져내고 10분간 더 끓인 후
멸치를 건져낸다. 끓어오르면서 생기는
거품은 고운 체 또는 숟가락으로 걷어낸다.
★ 완성된 국물의 양은 3컵(600㎖)이며
부족할 경우 물을 더한다.

3 호박잎은 줄기 끝부분을 칼로 살짝 잡아
당기면서 섬유질을 제거한다.
호박잎이 큰 경우 2~3등분한다.

4 양파는 2×2cm 크기로 썰고,
대파, 청양고추는 어슷 썬다.

5 ②의 냄비에 양파, 된장, 고춧가루,
다진 마늘을 넣어 센 불에서 끓어오르면
2분간 끓인다.

6 호박잎을 넣어 뚜껑을 덮고 약한 불로 줄여
5분간 끓인다. 대파, 청양고추를 넣고
뚜껑을 연 채 2분간 끓인다.

조리시간 · 30~40분
재료 · 2~3인분

- ☐ 호박잎 1과 1/2줌(150g)
  ★ 손대중량 11쪽
- ☐ 양파 1/2개
- ☐ 대파(흰 부분) 15cm
- ☐ 청양고추 1개(생략 가능)
- ☐ 된장 3큰술
  (집 된장일 경우 1과 1/2큰술)
- ☐ 고춧가루 1작은술
- ☐ 다진 마늘 1작은술

국물
- ☐ 물 4컵(800㎖)
- ☐ 국물용 멸치 15마리
- ☐ 다시마 5×5cm 2장

알아두세요
남은 호박잎 보관하기
호박잎은 끓는 물에 1분간
데친 후 찬물에 헹궈
물기를 꼭 짠다.
지퍼백에 한 번에 먹을 만큼씩
나눠 담아 냉동실에 넣으면
10~15일간 보관이 가능하다.
별다른 해동 없이 국이나
찌개를 끓일 때 이용한다.

비타민과 무기질이 풍부한
아욱 버섯청국장

조리시간 · 25~35분
재료 · 2인분

- ☐ 아욱 1줌(100g)
- ☐ 참타리버섯 2줌
  (또는 애느타리버섯, 100g)
- ☐ 대파(흰 부분) 10cm
- ☐ 청양고추 1개(생략 가능)
- ☐ 국물용 멸치 10마리
- ☐ 물 3컵(또는 쌀뜨물, 600㎖)

양념
- ☐ 다진 마늘 1큰술
- ☐ 다진 파 1/2큰술
- ☐ 청국장 7큰술(70g)

독자의 한마디
"아욱으로 구수한
청국장을 끓였네요.
아욱 특유의 풋내와 아린 맛을
제거하기 위해서는 손으로
주무른 후 찬물에 헹구는 게
중요하더라고요."

1 아욱은 두꺼운 줄기 부분을
제거한다. 볼에 넣고
물(1컵)을 넣어 푸른 물이
나올 때까지 바락바락
주물러 씻은 후 물(4컵) +
소금(1작은술)에 넣고
1분간 데친다. 찬물에
헹궈 물기를 꼭 짠 후
열십(+)자로 4등분한다.

2 참타리버섯은 밑동을
제거한 후 먹기 좋게 찢는다.
대파, 청양고추는 어슷 썬다.

3 달군 냄비에 멸치를 넣어
중간 불에서 1분간 볶는다.
물을 붓고 센 불에서
끓어오르면 중약 불로 줄여
10분간 끓인 후 멸치를
건져낸다.

4 아욱, 참타리버섯을 넣어
중약 불에서 3분간 끓인다.

5 양념 재료를 넣고
풀어준 후 중간 불에서
2분간 끓인다.
대파, 청양고추를 넣어
1분간 더 끓인다.

미나리와 오징어를 넣고 시원하게 끓인
오징어 미나리 맑은 국

독자의 한마디
"청양고추로
칼칼한 맛을 더해
남편 해장국으로도 좋답니다.
아이와 함께 먹을 때는
청양고추를 빼고
끓이세요."

조리시간 · 25~35분
재료 · 2~3인분

- ☐ 오징어 1마리
  (270g, 손질 후 180g)
- ☐ 미나리 1줌(70g)
- ☐ 청양고추 1개
- ☐ 홍고추 1개
- ☐ 대파 15cm
- ☐ 마늘 1쪽
- ☐ 소금 2/3작은술

국물

- ☐ 물 5컵(1ℓ)
- ☐ 국물용 멸치 15마리
- ☐ 무 지름 10cm, 두께 2cm
  (200g)

1 무는 1×5cm 크기,
0.5cm 두께로 썬다.
냄비에 국물 재료를 넣고
센 불에서 끓어오르면
중약 불로 줄여 15분간 끓인 후
멸치만 건져낸다.

2 미나리는 잎을 제거하고
흐르는 물에 씻어
4cm 길이로 썬다. 청양고추,
홍고추, 대파는 어슷 썰고,
마늘은 얇게 편 썬다.

3 오징어는 손질해 다리는
5cm 길이로 썰고 몸통도
5cm 길이로 얇게 채 썬다.
★ 오징어 손질하기 14쪽 참고

4 ①의 냄비를 센 불에서 끓여
끓어오르면 오징어와
마늘을 넣고 2분간 끓인다.

5 청양고추, 홍고추,
대파, 소금을 넣어
센 불에서 1분간 끓인 후
미나리를 넣고 30초간 끓인다.

독자의 한마디
"손님 초대상에 내어도
손색이 없을 만큼 푸짐하고
근사한 요리예요. 무와 양파는
물기를 완벽히 없애야
무친 후에도 물이 생기지
않는답니다."

풍미 가득 오징어와 매콤한 무채무침이 입에 착 붙는

오징어보쌈과 무채무침

1 무는 0.5cm 두께로 채 썬다.

2 양파는 가늘게 채 썬다.
깻잎은 길이로 2등분한 후 1cm 두께로 썬다.

3 볼에 무, 양파, 소금을 넣어 버무린 후
15분간 절인다. 찜기의 1/2지점까지
물을 붓고 뚜껑을 덮어 센 불에서 끓인다.

4 오징어는 손질한다.
★ 오징어 손질하기 14쪽 참고
김이 오른 찜판에 손질한 오징어를 올려
뚜껑을 덮고 중간 불에서 5분간 찐다.
★ 오징어가 사진처럼 검붉은 색이 되면
다 익은 것이다.

5 면포에 ③을 넣고 감싼 다음
비틀어 물기를 꼭 짠다.

6 큰 볼에 양념 재료를 넣어 섞은 후
⑤를 넣어 버무린다. 오징어 몸통과 다리는
먹기 좋게 썰고 무채무침을 곁들인다.
★ 쌈 채소를 곁들여도 좋다.

조리시간 · 30~40분
재료 · 2~3인분

□ 오징어 2마리
  (540g, 손질 후 360g)
□ 무 지름 10cm, 두께 2cm
  (200g)
□ 양파 1/4개
□ 깻잎 10장
□ 소금 1작은술

양념
□ 고춧가루 3큰술
□ 통깨 1큰술
□ 다진 파 1큰술
□ 식초 1큰술
□ 양조간장 1/2큰술
□ 고추장 1큰술
□ 매실청
  (또는 올리고당) 2작은술
□ 참기름 1작은술

독자의 한마디
"오징어를 넣어 끓였더니
깔끔하면서 매운 맛 전골 완성!
남은 국물에 삶은 칼국수면을
넣거나 밥을 볶아 먹어도
별미랍니다."

국물이 자작한 대전식 두부전골
오징어 두부두루치기

1 냄비에 국물 재료를 넣고 센 불에서
끓어오르면 중약 불로 줄인 후 5분간 끓인다.
다시마는 건져내고 중약 불에서 5분간 더
끓인 후 멸치도 건진다. ★완성된 국물의 양은
2와 1/2컵(500㎖)이며 부족할 경우 물을
더한다.

2 두부는 길이로 2등분한 후 1cm 두께로 썬다.
양파는 0.5cm 두께로 채 썰고, 대파와
청양고추는 어슷 썬다.

3 오징어는 손질해서 몸통의 껍질을 벗긴다.
다리는 흐르는 물에서 손가락으로 훑으면서
빨판의 이물질을 제거한다.
몸통은 4cm 길이, 1cm 폭으로 썰고
다리는 4cm 길이로 썬다.
★오징어 손질하기 14쪽 참고

4 ①의 냄비에 양념 재료를 넣어 풀어준다.
두부와 양파를 넣은 후 센 불에서
5분간 끓인다.

5 중간 불로 줄여 오징어를 넣고 3분,
약한 불로 줄여 대파와 청양고추를 넣고
1분간 더 끓인다.

조리시간 · 30~40분
재료 · 2~3인분

□ 두부 큰 팩 1모(부침용, 300g)
□ 오징어 1/2마리
 (135g, 손질 후 90g)
□ 양파 1/4개
□ 대파 15cm
□ 청양고추 1개

국물
□ 물 3컵(600㎖)
□ 국물용 멸치 10마리
□ 다시마 5×5cm

양념
□ 고춧가루 1큰술
□ 고추장 2큰술
□ 소금 1/3작은술
□ 다진 마늘 1작은술
□ 청주 1작은술
□ 멸치액젓
 (또는 까나리액젓) 2작은술

알아두세요
남은 오징어 보관하기
오징어는 껍질과 내장, 뼈를
제거해 물에 헹궈 물기를 빼고
용도에 맞게 썬다. 금속 쟁반
위에 서로 붙지 않게 올린 후
급속 냉동하여 지퍼백에 담아
냉동 보관한다. 한 번 먹을 만큼
덜어 별다른 해동 없이
무와 함께 오징어국을 끓이거나,
냉장실에서 해동해
전이나 볶음으로 활용한다.

★ 양념 바꿔 아이용으로 만들기

독자의 한마디
"오징어 한 마리로
손쉽게 요리해 가족과 함께
푸짐하게 즐길 수 있습니다.
여기에 맑은 국을 곁들인다면
더욱 좋을 것 같아요."

오징어 한 마리로 푸짐하게 즐기는
오징어덮밥

1 양파, 피망은 한입 크기로 썰고,
청양고추, 대파는 어슷 썬다.

2 오징어를 손질한 후 몸통은 0.5cm 두께의
링 모양으로, 다리는 5cm 길이로 썬다.
★ 오징어 손질하기 14쪽 참고

3 작은 볼에 양념 재료를 넣어 섞는다.

4 달군 팬에 식용유를 두르고 양파, 피망,
청양고추, 대파를 넣어 센 불에서
1분간 볶는다.

5 오징어와 양념을 넣고 센 불에서
1분 30초간 더 볶은 후 불을 끈다.
참기름을 넣고 섞는다. 2개의 그릇에
모든 재료를 나누어 담고 통깨를 뿌린다.

조리시간 · 25~35분
재료 · 2인분

☐ 따뜻한 밥 2공기(400g)
☐ 오징어 1마리
　(270g, 손질 후 180g)
☐ 양파 1/4개
☐ 피망 1개
☐ 대파(흰 부분) 10cm
☐ 청양고추 1개(또는 풋고추,
　홍고추, 생략 가능)
☐ 식용유 2큰술
☐ 참기름 1큰술
☐ 통깨 약간

양념
☐ 고춧가루 1큰술
☐ 물 2큰술
☐ 맛술 1큰술
☐ 양조간장 1/2큰술
☐ 고추장 2큰술
☐ 설탕 2작은술
☐ 다진 마늘 1작은술
☐ 후춧가루 약간

알아두세요
양념 바꿔 아이용으로 만들기
아이와 함께 먹으려면
양념 재료를 설탕 1큰술,
양조간장 1과 1/2큰술,
맛술 1큰술, 다진 마늘 1작은술,
후춧가루 약간, 녹말물(감자전분
1큰술 + 물 1큰술)로 바꾼다.

더위에 입맛을 잃었다면
오징어 장똑똑이

독자의 한마디
"쇠고기를 채 썰어 갖은
양념으로 볶은 반찬! 짭조름한
오징어 장똑똑이는 정말
밥도둑이에요. 찬밥에도
맛있게 먹을 수
있답니다."

조리시간 · 20~30분
재료 · 2~3인분

☐ 오징어 2마리
　(540g, 손질 후 360g)
☐ 식용유 1큰술
☐ 물 1/2컵(100㎖)
☐ 통깨 1작은술
☐ 참기름 1작은술

양념
☐ 설탕 2큰술
☐ 청주 2큰술
☐ 양조간장 3큰술
☐ 올리고당 2작은술
☐ 참기름 1작은술

1 오징어는 손질한 후
몸통 안쪽에 0.3cm 간격의
우물 정(井)자로 칼집을
낸다. 길이로 3등분한 후
1cm 폭으로 썰고,
다리는 4cm 길이로 썬다.
★ 오징어 손질하기 14쪽
참고

2 볼에 양념 재료를 넣어
섞는다.

3 달군 팬에 식용유를 두르고
오징어를 넣어 중간 불에서
1분 30초, 양념을 넣고
센 불로 올려 1분간 볶는다.

4 물을 붓고 타지 않게
저어가며 센 불에서
4~5분간 조린 후 통깨와
참기름을 넣고 버무린다.

따라 한 독자들이 유독 많았던
양배추 소시지덮밥

조리시간 · 15~25분
재료 · 2인분

- □ 따뜻한 밥 1과 1/2공기(300g)
- □ 양배추 7장(손바닥 크기, 200g)
- □ 비엔나 소시지 12개(약 100g)
- □ 쪽파 1줄기(생략 가능)
- □ 식용유 1큰술
- □ 다진 마늘 1큰술
- □ 소금 1/4작은술
- □ 녹말물(감자전분 1작은술 +
　　물 1큰술)

양념

- □ 토마토케첩 2큰술
- □ 양조간장 2작은술
- □ 고추장 1작은술
- □ 물 10큰술
- □ 후춧가루 약간

독자의 한마디
"평소 집에 있을 법한,
쉬운 재료로 만들 수 있어
마음에 들었어요.
다진 마늘을 볶을 때
타지 않도록 불 세기에
주의하세요."

1 비엔나 소시지는
　길이로 4등분한다.

2 양배추는 비엔나 소시지와
　같은 크기로 썰고,
　쪽파는 숭숭 썬다.

3 볼에 양념 재료를 넣어
　섞는다.

4 달군 팬에 시용유를 두르고
　소시지, 다진 마늘을 넣고
　중간 불에서 2분간 볶는다.

5 양배추와 소금을 넣고
　중간 불에서 2분,
　양념을 넣고 중약 불로 줄여
　2분간 더 볶는다.

6 녹말물(넣기 전에 한 번 더
　섞을 것)을 넣고 잘 섞은 후
　불을 끈다. 밥과 함께
　두 그릇에 나눠 담고
　쪽파를 뿌린다.

왕초보 파티에서 독자들에게 극찬 받은

양배추전

독자의 한마디
"쫀득하고, 매콤한 맛이 좋아요. 갑자기 손님이 와서 오코노미야키처럼 마요네즈와 돈가스 소스를 뿌려 대접했는데, 어린 아이와 어른 모두 잘 먹었답니다."

조리시간 · 30~40분
재료 · 3개분

□ 양배추 5장
   (손바닥 크기, 150g)
□ 다진 돼지고기 100g
□ 청양고추 1개
□ 식용유 3큰술

반죽
□ 감자 1/2개(100g)
□ 부침가루 5큰술

양념
□ 소금 2/3작은술
□ 설탕 1/2작은술
□ 후춧가루 약간
□ 다진 마늘 1/3작은술

1 양배추는 0.5cm 폭으로 채 썰고, 청양고추는 0.3cm 폭으로 송송 썬다.

2 볼에 돼지고기, 양념 재료를 넣고 버무려 10분간 재운다.

3 감자는 강판에 갈아 큰 볼에 담고 부침가루를 넣어 반죽을 만든다.

4 ③의 볼에 돼지고기를 넣고 잘 섞은 후 양배추, 청양고추를 넣어 버무린다.

5 달군 팬에 식용유 1큰술을 두른다. ④의 반죽 1/3분량을 올려 지름 12cm, 0.5cm 두께로 넓게 편 후 중약 불에서 2분간 굽는다. 뒤집어서 1분 30초간 노릇하게 부친다. 같은 방법으로 2장 더 부친다. ★ 팬의 크기에 따라 나눠 굽거나 식용유가 부족하면 더한다.

122

반찬으로도, 간식으로도 좋은
옥수수부침개

독자의 한마디
"톡톡 씹히는
옥수수 알갱이의 식감이
좋아요. 단, 치즈가 쉽게 타기
때문에 구울 때 불 조절에
주의해야 합니다."

조리시간 · 20~30분
재료 · 10개분

☐ 통조림 옥수수 1/2캔(90g)
☐ 양파 1/2개
☐ 슬라이스 치즈 2장
☐ 부침가루 4큰술
☐ 우유(또는 물) 4큰술
☐ 설탕 1/3작은술
☐ 소금 1/4작은술
☐ 식용유 2큰술

1 통조림 옥수수는 체에 밭쳐
   흐르는 물에 씻은 후 그대로
   물기를 뺀다.

2 양파는 잘게 다지고,
   슬라이스 치즈는
   껍질째 1×1cm 크기의
   정사각형으로 칼집을 낸 후
   껍실을 벗긴다.

3 큰 볼에 식용유를 제외한
   모든 재료를 넣고 섞는다.

4 달군 팬에 식용유를 두르고
   ③의 반죽을 1큰술씩 올려
   지름 5cm, 두께 1cm로 편다.

5 중약 불에서 앞뒤로 각각
   1분 30초~2분씩 노릇하게
   굽는다. ★팬의 크기에 따라
   나눠 굽거나 식용유가
   부족하면 더한다.

독자의 한마디

"쉽고 간단하면서 영양까지
두루 갖춘 볶음밥이에요.
고춧가루를 넣었지만 맵지 않아
어린 아이들이 먹기에도 좋아요.
청양고추를 더해 매콤하게
즐길 수도 있겠네요."

고소한 맛과 씹는 식감이 참 맛있는
옥수수 쇠고기 버터볶음밥

1 옥수수는 돌려가며 칼로 잘라
옥수수알을 분리한다.

2 옥수수알은 체에 밭쳐 흐르는 물에
헹궈 그대로 물기를 뺀다.
쇠고기는 키친타월로 감싸 핏물을 제거한 후
사방 0.5cm 크기로 썬다.

3 큰 볼에 옥수수알, 쇠고기, 밑간 재료를
넣고 버무려 10분간 재운다.

4 셀러리는 필러로 섬유질을 제거한 후
사방 0.5cm 크기로 썬다.

5 달군 팬에 버터를 넣어 녹이고
③을 넣어 중간 불에서 2분,
밥, 셀러리를 넣고
중약 불로 줄여 2분간 더 볶는다.

조리시간 · 25~35분
재료 · 2인분

□ 밥 1과 1/2공기(300g)
□ 옥수수 1개(손질 전, 200g)
□ 쇠고기 안심
  (또는 등심, 채끝살 등) 100g
□ 셀러리 30cm
  (또는 오이 약 1/3개, 60g)
□ 버터(무염 또는 가염) 1/2큰술

밑간
□ 고춧가루 1큰술
□ 다진 마늘 1큰술
□ 양조간장 1과 1/2큰술
□ 청주 1큰술
□ 설탕 2작은술
□ 후춧가루 약간

알아두세요
통조림 옥수수로 대체하기
옥수수 대신 통조림 옥수수
10큰술(100g)을 사용해도 좋다.
이 때 과정 ①은 생략하고,
과정 ③에서 옥수수를 제외한
쇠고기, 밑간 재료만 넣어
버무린다. 과정 ⑤에서 밥,
셀러리와 함께 옥수수를 넣는다.

독자의 한마디

"요리에 자신이 없어도
특별한 재료 없이 간단하게,
근사하게 만들 수 있는
찜요리예요! 가족들과 함께
저녁 식사시간에
푸짐하게 즐기세요."

손쉽게 만들어 폼 나게 즐기는
열무김치 닭고기찜

1 열무김치는 체에 밭쳐 국물을 뺀다.

2 닭다리살은 칼끝으로 콕콕 찔러 칼집을 낸다.

3 대파와 청양고추는 어슷 썬다.
볼에 닭다리살과 양념 재료를 넣어
10분간 재운다.

4 냄비에 열무김치를 깔고
③의 닭다리살을 올린 후 볼에 남은 양념을
붓는다.

5 대파, 청양고추, 물을 넣은 후
뚜껑을 덮어 센 불에서 3~4분간 끓인다.

6 중간 불로 줄여 10분,
약한 불로 줄여 20분간 더 끓인다.
이 때 중간중간 저어준다.
불을 끄고 통깨를 뿌린다.

조리시간 · 50~60분
재료 · 2~3인분

□ 닭다리살 4쪽(약 350g)
□ 잘 익은 열무김치 2컵
　(약 250g)
□ 대파(흰 부분) 15cm
□ 청양고추 1개
□ 물 1컵(200㎖)
□ 통깨 1큰술

양념
□ 설탕 1과 1/2큰술
□ 열무김치 국물 5큰술
□ 다진 마늘 1작은술
□ 고추장 1작은술

알아두세요
덜 익은 열무김치 사용하기
열무김치가 덜 익었을 경우
양념에 식초 1큰술을 넣으면
부족한 맛을 보충할 수 있다.

뼈 있는 닭 사용하기
닭다리살 대신
볶음탕용 닭(500g)을
사용할 경우 모든 과정을
동일하게 진행하되
②의 과정에서 재우는 시간을
20분으로 늘린다.

훈제오리의 고소함을 잘 살린
꽈리고추 훈제오리 볶음우동

1 우동 삶을 물(5컵)을 끓인다.
숙주는 체에 밭쳐 흐르는 물에 씻은 후
그대로 물기를 뺀다.

2 양파, 피망은 0.5cm 두께로 채 썬다.
꽈리고추는 어슷 썰어 3등분한다.

3 훈제오리 슬라이스는 2등분한다.
작은 볼에 양념 재료를 넣고 섞는다.

4 ①의 끓는 물에 우동면을 넣어 휘젓지 않고
센 불에서 1분간 삶아 체에 밭쳐
찬물에 헹군 후 그대로 물기를 뺀다.

5 깊은 팬을 달궈 훈제오리, 양파를 넣고
중간 불에서 2분간 볶는다. 피망, 꽈리고추를
넣어 1분간 더 볶는다. 우동면,
양념 2큰술을 넣어 1분간 볶는다.

6 숙주, 남은 양념, 후춧가루를 넣고
센 불로 올려 1분간 더 볶는다.

조리시간 · 20~30분
재료 · 2~3인분

☐ 시판 우동면 2팩(약 420g)
☐ 훈제오리 슬라이스 200g
☐ 숙주 2줌(100g)
 ★손대중량 11쪽
☐ 양파 1/2개
☐ 피망 1/2개
☐ 꽈리고추 7개
 (또는 다른 고추, 피망
 약 1/3개, 28g)
☐ 후춧가루 1/4작은술

양념
☐ 설탕 1큰술
☐ 양조간장 2큰술
☐ 맛술 1큰술

알아두세요
다른 채소로 대체하기
양파, 피망, 꽈리고추를
당근, 파프리카, 풋고추 등으로
대체해도 좋다.
단, 총량은 270g으로 한다.

Fall

하늘은 높고, 말은 살찐다는 계절.
무엇을 먹어도 맛있고, 제철재료도 풍부한 계절이지요.
땅과 하늘의 기운을 받은 가을철 재료인 버섯, 낙지와 새우 등
다양한 재료로 식탁을 다채롭게 채워보세요.

★ 양념 바꿔 아이용으로 만들기

독자의 한마디
"만들기 간단하면서도
폼이 나는 요리예요.
손님 초대요리로 활용하거나
안주로 즐기기에도
제격입니다."

쌈으로 싸 먹어도 맛있는
버섯 닭불고기

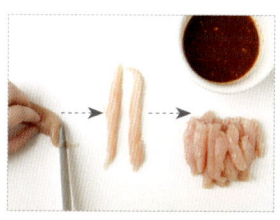

1 닭안심은 칼로 힘줄을 제거하고
열십(+)자로 4등분한다.
볼에 고기 밑간 재료와 함께 넣고 버무려
10분간 재운다.
작은 볼에 양념 재료를 넣고 섞는다.

2 느타리버섯은 밑동을 제거한 다음
가닥가닥 찢고, 숙주는 체에 밭쳐
흐르는 물에 씻은 후 그대로 물기를 뺀다.
쪽파는 송송 썬다.

3 깊은 팬을 달궈 식용유를 두르고
①의 닭안심을 넣어 센 불에서
앞뒤로 각각 1분씩 구워
그릇의 한쪽에 덜어둔다.

4 ③의 팬을 닦고 다시 달궈 숙주, 소금,
참기름 1작은술을 넣고 센 불에서 1분간 볶아
③의 그릇의 다른 한쪽에 덜어둔다.

5 ④의 팬을 닦고 다시 달궈
양념을 넣어 센 불에서 끓어오르면
③의 닭안심을 넣고 약한 불로 줄여
3분간 볶는다.

6 느타리버섯과 참기름 1작은술을 넣고
중간 불에서 1분간 더 볶은 후 쪽파를 뿌리고
불을 끈다. 그릇에 담고 ④의 숙주를 올린다.

조리시간 · 30~40분
재료 · 2~3인분

□ 닭안심 8쪽
　（또는 닭다리살, 200g）
□ 느타리버섯 4줌
　（또는 새송이버섯, 200g）
　★ 손대중량 11쪽
□ 숙주 2줌(100g, 생략 가능)
　★ 손대중량 11쪽
□ 쪽파 2줄기(생략 가능)
□ 식용유 1큰술
□ 소금 1/4작은술
□ 참기름 1작은술 + 1작은술

고기 밑간
□ 청주 1/4컵(500㎖)
□ 소금 약간
□ 후춧가루 약간

양념
□ 설탕 1큰술
□ 고춧가루 1/2큰술
□ 다진 마늘 1큰술
□ 물 5큰술
□ 양조간장 1과 1/2큰술
□ 고추장 1큰술
□ 다진 생강 1/3작은술
　（생략 가능）
□ 후춧가루 약간

알아두세요
양념 바꿔 아이용으로 만들기
양념을 다진 마늘 1큰술,
물 5큰술, 양조간장 1큰술,
굴소스 1큰술, 매실청 1큰술,
후춧가루 약간으로 대체한다.
다른 과정은 동일하게 진행한다.

134

쫄깃한 식감이 좋은
새송이강정

1 새송이버섯은 밑동을 제거하고
사방 4cm 크기로 썬다.
★ 밑동은 따로 모아 두었다가 국물을 낼 때
활용하면 좋다.

2 풋고추, 홍고추는 길게 반을 썰어
씨를 빼고 가늘게 채 썬다.
작은 볼에 양념 재료를 넣고 섞는다.

3 큰 볼에 튀김옷 재료를 넣고 섞은 후
①의 새송이버섯을 넣어 골고루 섞는다.

4 작은 냄비에 식용유 2컵(400㎖)을 붓고
중간 불로 끓인다. 200℃(새송이버섯 한 개를
넣었을 때 잔거품이 많이 생기는 정도)에서
③을 1/4분량씩 넣고 중간 불에서 2분씩 튀겨
덜어둔다. 냄비를 센 불로 올려
튀긴 새송이버섯을 1/3분량씩 넣어 1분간
더 튀긴 후 체에 밭쳐 기름기를 뺀다.

5 달군 팬에 식용유 1큰술을 두르고
풋고추, 홍고추, 다진 마늘을 넣어
중간 불에서 1분간 볶은 후 양념을 붓고
1분 30초간 조린다.

6 튀긴 새송이버섯을 넣고 센 불로 올려
30초간 빠르게 골고루 섞는다.

조리시간 · 25~35분
재료 · 2~3인분

- □ 새송이버섯 6개
  (또는 표고버섯, 480g)
- □ 풋고추(또는 청양고추) 1개
- □ 홍고추 1개(생략 가능)
- □ 다진 마늘 1작은술
- □ 식용유 2컵(400㎖) + 1큰술

튀김옷
- □ 달걀흰자 1개분
- □ 감자전분 8큰술
- □ 물 1/2컵(100㎖)

양념
- □ 설탕 2큰술
- □ 양조간장 1과 1/2큰술
- □ 식초 1큰술
- □ 굴소스 1큰술
- □ 참기름 1큰술

알아두세요
새송이버섯을 바삭하게 튀기려면
버섯을 한꺼번에 넣으면
기름 온도가 많이 내려가
더 오래 튀겨야 해서 딱딱해진다.
그러니 냄비의 크기나 두께에 따라
3~4번에 나눠 튀길 것. 1차로
튀긴 후 다시 한번 살짝 튀기면
더욱 바삭하게 즐길 수 있다.

136

고기가 들어가지 않아도 감자탕 맛이 나는
새송이 감자탕

1 냄비에 국물 재료를 넣고 센 불에서
끓어오르면 약한 불로 줄여 5분간 끓인다.
다시마를 건지고 10분간 더 끓인 후
체에 밭쳐 국물을 만든다.

2 감자는 8등분한다. 새송이버섯은
밑동을 제거하고 길이로 2등분한 후
0.5cm 두께로 어슷 썬다.
양파는 1cm 두께로 채 썰고,
대파와 청양고추는 어슷 썬다.

3 깻잎은 돌돌 말아 0.5cm 폭으로 썬다.
얼갈이배추는 씻어서 4cm 폭으로 썬다.
볼에 양념 재료를 넣고 골고루 섞어
얼갈이배추를 넣어 무친다.

4 큰 냄비에 들기름과 식용유를 두르고
새송이버섯과 양파를 넣어 중간 불에서
2분간 볶는다.

5 ①의 국물, 감자를 넣고 센 불에서
끓어오르면 약한 불로 줄여 뚜껑을 덮고
10분간 끓인다.

6 양념한 얼갈이배추, 대파, 청양고추, 소금,
들깻가루를 넣고 중간 불로 올려
2분간 끓인 후 깻잎을 넣고 불을 끈다.

조리시간 · 30~40분
재료 · 2~3인분

- □ 감자 2개(400g)
- □ 새송이버섯 2개(160g)
- □ 양파 1/4개(생략 가능)
- □ 대파(흰 부분) 15cm
- □ 청양고추 1개
  (기호에 따라 가감, 생략 가능)
- □ 깻잎 10장
- □ 데친 얼갈이배추 1컵(125g)
  ★ 컵대중량 11쪽
- □ 들기름(참기름) 1큰술
- □ 식용유 1큰술
- □ 소금 약간
- □ 들깻가루 3큰술
  (기호에 따라 가감)

국물
- □ 물 5컵(1ℓ)
- □ 다시마 5×5cm 5장
- □ 대파(푸른 부분) 20cm
- □ 마늘 3쪽

양념
- □ 고춧가루 2/3큰술
- □ 다진 마늘 1큰술
- □ 국간장 1큰술
- □ 된장 3큰술
  (집 된장의 경우 1과 1/2큰술)
- □ 고추장 1/3큰술

알아두세요
얼갈이배추 데치기
데친 얼갈이배추는 손질해서
파는 나물 코너에서 살 수 있다.
생 얼갈이배추를 쓴다면
얼갈이배추 약 2줌(약 150g)을
끓는 물(5컵) + 소금(1작은술)에
넣어 중간 불에서 1분간 데친 후
흐르는 물에 씻어 물기를 꼭 짠 후
활용하면 된다.

깔끔하고 가볍게 즐기는
버섯 콩나물 된장무침

독자의 한마디
"흔히 먹던 채소무침에
된장 양념을 더했더니
색다른 반찬이 되었네요.
버섯은 물기를 꼭 짠 후에 무쳐야
물기가 생기지 않는다는 점,
잊지 마세요!"

조리시간 · 15~25분
재료 · 2~3인분

□ 콩나물 3줌(150g)
□ 참타리버섯 3줌
　(또는 느타리버섯,
　새송이버섯, 150g)
□ 소금 1작은술

양념
□ 통깨 1작은술
□ 다진 파 2작은술
□ 다진 마늘 1작은술
□ 양조간장 1작은술
□ 된장 1과 1/2작은술
　(집 된장일 경우 1/2작은술)
□ 참기름 1작은술
□ 후춧가루 약간

1　콩나물은 체에 밭쳐 흐르는
　물에 씻어 그대로 물기를 뺀다.

2　냄비에 콩나물, 물(2컵),
　소금(1작은술)을 넣고 뚜껑을
　덮어 센 불에서 6분간 삶는다.

3　참타리버섯은 밑동을
　제거하고 가닥가닥 찢는다.

4　②의 냄비에서 콩나물만
　건져 체에 펼쳐 한 김 식힌다.

5　②의 냄비에 물(1컵)을 더 넣고
　끓어오르면 참타리버섯을 넣어
　센 불에서 1분간 데친다.
　체에 밭쳐 찬물에 헹군 후
　물기를 꼭 짠다.

6　큰 볼에 양념 재료를 섞는다.
　콩나물을 넣어 조물조물 무친 후
　참타리버섯을 넣고 한 번 더
　무친다. ★ 버섯은 양념을
　빨리 흡수해 콩나물부터
　버무려야 간이 골고루 밴다.

고기가 없이도 충분히 맛있는
버섯 들깨 미역국

독자의 한마디
"버섯, 들깻가루, 미역의
조합이 최고예요. 특히 구수한
들깻가루를 넣어 어르신들이 좋아
하실 것 같아 부모님 생신상에
올리고 싶어요. 조랭이 떡을
넣어도 좋겠어요."

조리시간 · 35~45분
재료 · 2~3인분

- □ 마른 미역 2줌
  (10g, 불린 후 100g)
- □ 표고버섯 3개
- □ 들기름 1큰술
- □ 국간장 1큰술
- □ 다진 마늘 1작은술
- □ 들깻가루 5큰술
- □ 소금 1작은술

다시마물
- □ 따뜻한 물 5컵
  (1ℓ, 찬물 2컵 + 뜨거운물 3컵)
- □ 다시마 5×5cm 4장

1 볼에 마른 미역, 물(2컵)을 담고
15분간 불린 후 거품이 나오지
않을 때까지 깨끗이 헹군다.
체에 밭쳐 물기를 뺀 후 손으로
꼭 짠다.

2 볼에 다시마물 재료를 넣고
15분간 우린 후 다시마를 건진다.

3 표고버섯은 기둥을 떼어낸 후
0.5cm 두께로 썰고 기둥은
끝부분을 썰어내고 결대로
찢는다. 미역은 2~3cm 길이로
썬다.

4 달군 냄비에 들기름을 두르고
미역을 넣어 중간 불에서 1분,
표고버섯과 다시마물 1/4컵
(50㎖)을 넣어 3분간 볶는다.

5 남은 다시마물, 국간장,
다진 마늘, 들깻가루를 넣고
센 불에서 끓어오르면
약한 불로 줄여 10분간 끓인다.

6 소금을 넣고 약한 불에서
5분간 끓인다.

온 가족이 함께 즐기는
버섯 차돌박이 된장전골

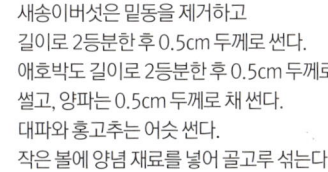

1 새송이버섯은 밑동을 제거하고
길이로 2등분한 후 0.5cm 두께로 썬다.
애호박도 길이로 2등분한 후 0.5cm 두께로
썰고, 양파는 0.5cm 두께로 채 썬다.
대파와 홍고추는 어슷 썬다.
작은 볼에 양념 재료를 넣어 골고루 섞는다.

2 냄비에 국물 재료를 넣고 센 불에서
끓어오르면 중약 불로 줄여 5분간 끓인다.
다시마는 건져 1cm 폭으로 썰고,
3분간 더 끓여 멸치를 건져낸다.
★ 완성된 국물의 양은 6컵(1.2ℓ)이며
부족한 경우 물을 더한다.

3 끓는 물(3컵)에 우동면을 넣어
휘젓지 않고 센 불에서 1분간 데친다.
체에 밭쳐 찬물에 헹궈 물기를 뺀다.

4 냄비에 ②의 국물과 양념을 넣고
센 불에서 끓어오르면 새송이버섯, 애호박,
양파를 넣고 거품을 걷어내면서 센 불에서
4분간 끓인다.

5 차돌박이, 대파, 홍고추, ②의 다시마,
우동면을 모두 넣고 센 불에서 2분간 끓인다.

조리시간 · 25~35분
재료 · 4인분

□ 쇠고기 차돌박이 200g
□ 새송이버섯 2개(160g)
□ 우동면 1팩(210g)
□ 애호박 1/2개(135g)
□ 양파 1/2개
□ 대파(흰 부분) 10cm
□ 홍고추 2개

국물
□ 물 7컵(1.4ℓ)
□ 국물용 멸치 10마리
□ 다시마 5×5cm 2장

양념
□ 된장 6큰술
　(집 된장의 경우 3큰술)
□ 고추장 1큰술
□ 고춧가루 2작은술
□ 소금 1작은술
□ 다진 마늘 2작은술

알아두세요
가을 버섯, 손질하기
대부분의 버섯은 수분을 쉽게
흡수하기 때문에 물에 씻거나
담가놓는 것은 좋지 않다.
겉에 묻은 먼지를 솔로 털거나
젖은 행주로 닦고, 물에 씻었다면
재빨리 마른행주로 닦아낸다.
버섯이 수분을 흡수하면 양념이
잘 배지 않고, 맛과 향이 떨어지기
때문이다. 또한 버섯을 손질할 때
썰어낸 밑동은 따로 보관했다가
국물을 낼 때 사용하면 좋다.

독자의 한마디
"사랑하는 이에게
만들어주고 싶은 요리예요.
이제 일요일엔 짜장면 대신
버섯오므라이스를
해주세요."

입에 착착 붙는 감칠맛이 좋은
버섯오므라이스 + 데리야키 크림소스

1 팬에 데리야키 크림소스 재료를 넣고
센 불에서 끓어오르면 약한 불로 줄인다.
3큰술 정도 남을 때까지
8~9분간 졸인 후 불을 끈다.

2 양송이버섯은 기둥을 제거한 후
7개는 사방 1cm 크기로 썰고,
3개는 모양대로 0.5cm 두께로 썬다.

3 양파와 피망은 1×1cm 크기로 썰고,
볼에 달걀을 넣어 푼다. ★ 달걀물에 감자전분
1/2작은술을 넣고 섞어 체에 내려 사용하면
달걀지단을 한층 예쁘게 부칠 수 있다.

4 깊은 팬을 달궈 식용유 1작은술을 두르고
키친타월로 살짝 닦아낸다.
③의 달걀물 1/2분량을 붓고 약한 불에서 1분,
뒤집어서 30초간 익혀 덜어둔다.
같은 방법으로 1개 더 부친다.

5 ④의 팬을 닦고 다시 달궈 식용유 1큰술을
두르고 다신 마늘, 사방 1cm 크기로 썬
양송이버섯과 양파, 피망을 넣고 센 불에서
1분 30초간 볶는다. 중간 불로 줄여
①의 소스 2/3분량(약 2큰술)과 밥을 넣고
2분간 볶은 후 불을 끈다.

6 소스가 남아 있는 ①의 팬에 생크림과
0.5cm 두께로 썬 양송이버섯을 넣고
센 불에서 끓어오르면 약한 불로 줄인다.
녹말물(넣기 전에 한번 더 섞을 것)을 넣고
불을 끈 후 1분간 저어가며 끓인다. 그릇에
⑤의 밥과 달걀지단, 소스를 나눠 담는다.

조리시간 · 30~40분
재료 · 2인분

☐ 밥 1과 1/2공기(300g)
☐ 양송이버섯 10개
　　(또는 새송이버섯, 참타리버섯)
☐ 양파 1/4개
☐ 피망 1/2개
☐ 달걀 3개
☐ 식용유 1작은술 + 1작은술 +
　　1큰술
☐ 다진 마늘 1큰술
☐ 생크림 1컵(200㎖)
☐ 녹말물(감자전분 2작은술
　　+ 물 2작은술)

데리야키 크림소스

☐ 물 5큰술
☐ 양조간장 2큰술
☐ 맛술 2큰술
☐ 올리고당 2큰술
☐ 다진 생강 1/4작은술
☐ 후춧가루 약간

알아두세요
데리야키 소스 활용하기
①의 데리야키 소스는
꼬치 요리나 볶음 요리에
굴소스 대신 넣어도 잘 어울린다.

독자의 한마디
"재료도 간단하지만,
조리시간도 엄청나게 짧아서
좋았어요. 달걀을 넣고 살짝만
익혀 농도가 걸쭉한데요.
기호에 따라 익히는 정도는
조절할 수 있어요."

초간단 한그릇 식사
팽이버섯덮밥

1 볼에 다시마물 재료를 넣어
15분간 우린 후 다시마를 건져낸다.

2 팽이버섯은 밑동을 제거한 후 2등분한다.
양파는 0.5cm 두께로 채 썰고,
대파는 어슷 썬다.

3 ①의 다시마물에 양념 재료를 넣고
골고루 섞는다.
다른 볼에 달걀을 깨뜨려 둔다.

4 달군 팬에 식용유를 두르고
양파와 대파를 넣어 중간 불에서 1분,
팽이버섯을 넣어 30초간 볶는다.

5 양념을 붓고 중간 불에서 끓어오르면
③의 달걀을 넣고 가볍게 섞는다.

6 뚜껑을 덮고 중간 불에서 1분간 익힌 후
뚜껑을 열어 30초~1분간 더 익혀 불을 끈다.
그릇에 밥과 함께 1/2분량씩 나눠 담는다.
★ 기호에 따라 달걀을 좀 더 익힌 후
밥에 곁들여도 좋다.

조리시간 · 20~30분
재료 · 2인분

□ 따뜻한 밥 2공기(400g)
□ 팽이버섯 3줌(150g)
　★ 손대중량 11쪽
□ 양파 1/4개
□ 대파(흰 부분) 5cm
□ 달걀 2개
□ 식용유 1작은술

다시마물
□ 다시마 5×5cm
□ 뜨거운 물 1컵(200㎖)

양념
□ 설탕 2/3큰술
□ 양조간장 2큰술
□ 맛술 1큰술

★ 양념장 곁들여 매콤하게 즐기기

몸에 좋은 버섯을 넣어 영양 만점
버섯볶음을 올린 멸치국수

1 냄비에 국물 재료를 넣고 센 불에서 끓어오르면 중약 불로 줄여 5분간 끓인다. 다시마를 건져내고 10분간 더 끓여 체에 거른다. ★완성된 국물의 양은 5컵(1ℓ)이며 부족한 경우 물을 더한다.

2 국물에 쓴 표고버섯은 물기를 꼭 짜 따로 둔다. 냄비에 ①의 국물과 소금, 국간장, 후춧가루를 넣고 센 불에서 끓어오르면 불을 끈다.

3 새송이버섯은 밑동을 제거하고 2등분해 0.5cm 두께로 편 썬 다음 0.5cm 두께로 채 썬다.

4 ②의 표고버섯은 기둥을 제거하고 0.3cm 두께로 썬다. 청양고추는 송송 썬다. 볼에 양념 재료, 새송이버섯, 표고버섯을 넣어 버무려 5분간 재운다. 소면 삶을 물(10컵)을 끓인다.

5 달군 팬에 식용유를 두르고 모든 버섯을 넣고 중간 불에서 2분간 볶은 후 불을 끄고 들기름을 넣어 골고루 섞는다.

6 ④의 끓는 물에 소면을 펼쳐 넣고 센 불에서 끓어오르면 찬물(1컵)을 넣고 1분 30초~2분간 삶은 후 체에 밭쳐 찬물에 헹궈 그대로 물기를 뺀다. 2개의 그릇에 면과 버섯볶음을 나눠 담고 ②의 국물을 붓는다.

조리시간 · 35~45분
재료 · 2인분

□ 소면 2줌(140g)
  ★손대중량 11쪽
□ 새송이버섯 1개(80g)
□ 소금 1/2작은술
□ 국간장 1작은술
□ 후춧가루 약간
□ 식용유 1큰술
□ 들기름 1작은술

국물
□ 물 6컵(1.2ℓ)
□ 국물용 멸치 20마리
□ 다시마 5×5cm 2장
□ 무 지름 10cm,
  두께 1cm(100g)
□ 표고버섯 2개
□ 양파 1/4개

양념
□ 청양고추 1개
□ 설탕 1/2작은술
□ 다진 마늘 2작은술
□ 양조간장 2작은술
□ 올리고당 1/2작은술

알아두세요
양념장 곁들여 매콤하게 즐기기
취향에 따라 송송 썬 쪽파
1줄기분, 고춧가루 2큰술,
양조간장 1큰술, 멸치액젓
1큰술을 섞은 양념장을
곁들여도 좋다.

재료는 평범, 맛은 특별한
팽이버섯 참치전

조리시간 · 30~40분
재료 · 12개분

- □ 통조림 참치 1캔
  (작은 것, 100g)
- □ 팽이버섯 2줌(100g)
- □ 대파(푸른 부분) 30cm
- □ 식용유 2큰술

반죽
- □ 달걀 1개
- □ 부침가루 4큰술
- □ 물 4큰술
- □ 설탕 1작은술
- □ 다진 마늘 1작은술
- □ 양조간장 2작은술
- □ 후춧가루 약간

1 참치는 체에 밭쳐
숟가락으로 눌러가며
기름을 뺀다.

2 팽이버섯은 밑동을
제거한 후 1.5cm 길이로
썰고, 대파는 송송 썬다.

3 큰 볼에 반죽 재료를 넣고
거품기로 날가루가 보이지
않을 때까지 완전히 섞는다.

4 ③의 볼에 참치, 팽이버섯,
대파를 넣어 섞는다.

5 달군 팬에 식용유를 두르고
반죽을 1큰술씩 올려
지름 4cm, 두께 0.5cm
크기로 편다.

6 중간 불에서 앞뒤로 각각
2분씩 노릇하게 부친다.
★ 팬의 크기에 따라
나눠 굽거나 식용유가
부족하면 더한다.

이보다 쫄깃하고 구수할 수 없다!
버섯 듬뿍 들깨 수제비

독자의 한마디
"버섯과 들깨가 어우러져서
건강한 수제비가 완성되었어요.
아이들도 한 그릇씩 뚝딱 먹고
밥까지 말아 먹었네요.
수제비 위에 부추를 듬뿍
올려도 잘 어울려요."

조리시간 · 30~40분
재료 · 2인분
- ☐ 느타리버섯 2줌(100g)
- ☐ 표고버섯 2개
- ☐ 양파 1/4개
- ☐ 들깻가루 10큰술
- ☐ 국간장 1작은술
- ☐ 소금 약간

수제비 반죽
- ☐ 밀가루 2컵(중력분, 200g)
- ☐ 뜨거운 물 4큰술 + 찬물 6큰술
- ☐ 소금 1/3작은술

국물
- ☐ 물 8컵(1.6ℓ)
- ☐ 국물용 멸치 25마리
- ☐ 다시마 5×5cm 3장

1 냄비에 국물 재료를 넣고
센 불에서 끓어오르면
중약 불로 5분, 다시마를
건져내고 10분간 끓인 다음
멸치를 건져낸다. ★완성된
국물의 양은 7컵(1.4ℓ)이며
부족할 경우 물을 더한다.

2 볼에 수제비 반죽 재료를 넣어
한 덩어리가 될 때까지 손으로
치댄 후 위생팩에 넣고
따뜻한 곳(가스레인지 옆)에
10분간 둔다.

3 느타리버섯은 밑동을 제거하고
결대로 찢는다. 표고버섯은
기둥을 제거하고 모양대로
0.5cm 두께로 썬다. 양파는
0.5cm 두께로 채 썬다.

4 ①의 냄비에 느타리버섯,
표고버섯, 양파를 넣고
중간 불에서 2분간 끓인다.

5 수제비를 떼어 넣고 2분,
들깻가루, 국간장, 소금을 넣고
1분간 끓인다.

집에서 만드는 고급 한정식집 일품 샐러드
연근샐러드 + 검은깨 드레싱

독자의 한마디
"연근 고유의 맛과 식감을
가득 느낄 수 있어서
마음에 듭니다.
연근 모양이 예뻐 손님에게
대접하기도 좋지요."

조리시간 · 15~25분
재료 · 2~3인분

- ☐ 연근 지름 4cm,
  길이 7cm(140g)
- ☐ 배 1/4개(125g)
- ☐ 어린잎 채소 2줌(40g)

검은깨 드레싱
- ☐ 검은깨(또는 통깨) 3큰술
- ☐ 식초 1큰술
- ☐ 마요네즈 4큰술
- ☐ 올리고당 1과 1/2큰술
- ☐ 소금 1/4작은술
- ☐ 양조간장 1/2작은술

1 연근 데칠 물(4컵) +
식초(1큰술)를 끓인다.
어린잎 채소는 체에
밭쳐 흐르는 물에 헹군 후
그대로 물기를 뺀다.
배는 0.5cm 두께로 썬다.

2 연근은 필러로 껍질을
벗겨 0.3cm 두께로
얇게 썬 다음 열십(+)자로
4등분한다. 푸드프로세서에
검은깨를 넣고 곱게 간다.

3 ①의 끓는 물에 연근을 넣고
센 불에서 2분간 데친 후
체에 밭쳐 찬물에 헹궈
그대로 물기를 뺀다.

4 작은 볼에 검은깨 드레싱
재료를 넣고 섞는다.
그릇에 연근, 배,
어린잎 채소를 담고
드레싱을 곁들인다.

식어도 아삭! 고소하고 맛있는
연근 깨전

독자의 한마디
"연근 특유의
아삭한 식감이 잘 살아있어요.
식어도 맛있으니
도시락 반찬으로도
추천해요."

조리시간 · 25~35분
재료 · 14개분

☐ 연근 지름 4cm,
　 길이 10cm(200g)
☐ 식용유 3큰술

반죽
☐ 통깨(또는 검은깨) 3큰술
☐ 소금 1작은술
☐ 밀가루 1/2컵(50g)
☐ 물 1/2컵(100㎖)

초간장
☐ 식초 1큰술
☐ 양조간장 1큰술
☐ 굵게 간 통깨 1작은술
☐ 설탕 1/2작은술

1 연근은 필러로 껍질을 벗겨
　 모양대로 0.7cm 두께로 썬다.

2 냄비에 물(4컵) +
　 식초(1큰술)를 넣고
　 연근을 넣어 센 불에서
　 끓어오르면 중간 불로 줄여
　 15분간 삶은 후 체에 밭쳐
　 물기를 뺀다.

3 큰 볼에 반죽 재료를 넣고
　 거품기로 날가루가 보이지
　 않을 때까지 완전히 섞는다.
　 작은 볼에 초간장 재료를 넣고
　 섞는다.

4 ③의 반죽에 연근을 넣고
　 골고루 묻힌다.

5 달군 팬에 식용유를 두르고
　 ④의 연근을 한 개씩 올려
　 약한 불에서 앞뒤로 각각
　 2분씩 노릇하게 굽는다.
　 ★ 팬의 크기에 따라 나눠
　 굽거나 식용유가 부족하면
　 더한다.

영양 가득, 초기 감기에 좋은
연근 찰밥

1 찹쌀은 물에 담가 1시간 이상 불린다.
밤은 크기에 따라 2~3등분한다.

2 연근은 필러로 껍질을 벗겨 길이로
2등분한 후 1cm 두께로 썬다.
★ 연근 손질하기 15쪽 참고

3 냄비에 양념 재료와 연근을 넣고
센 불에서 끓어오르면 중간 불로 줄여
10분간 끓인 다음 다시마를 건져내고
그대로 식힌다.
★ 완성된 양념 국물의 양은 1컵(200㎖)이며
부족할 경우 물을 더한다.

4 달군 팬에 식용유를 두르고
은행을 넣어 약한 불에서 2분간 볶는다.
키친타월로 비벼 껍질을 벗긴다.

5 압력밥솥에 찹쌀, ③의 연근과 양념,
은행, 밤, 대추를 넣는다.
★ 밥솥에 따라 물의 양은 조금 차이가 나므로
물을 맞출 때에는 찹쌀에 ③의 국물만 먼저
넣어 물을 맞춘 후 나머지 재료를 넣어 밥을
짓는다. 전기 압력밥솥을 사용할 경우
일반 기능으로 밥을 한다.

6 센 불에서 끓여 압력밥솥의 추가 흔들리면
약한 불로 줄여 5~8분간 익힌 후 불을 끄고
압력이 완전히 빠질 때까지 뜸을 들인다.

조리시간 · 30~40분
(+ 찹쌀 불리기 1시간)
재료 · 2~3인분

☐ 찹쌀 1과 1/2컵(240g)
☐ 연근 지름 4cm, 길이 7.5cm
　(150g)
☐ 은행 15알
☐ 깐밤 10개
☐ 말린 대추 15개
☐ 식용유 1작은술

양념
☐ 맛술 1큰술
☐ 양조간장 2큰술
☐ 다시마 5×5cm 2장
☐ 물 2컵(400㎖)

알아두세요
초기 감기에 특히 좋은
비타민 C가 풍부한 연근에는
탄닌 성분이 있는데, 이 성분이
염증을 가라앉히는 소염 작용을
해서 초기 감기의 치료에 좋다.
또한 초기 감기에는 땀을 내는
것이 좋다고 알려져 있는데
연근의 즙을 내거나 연잎을 달여
마시면 효과적이다.

154

독자의 한마디
"사태를 먼저 푹 끓이다가
양념을 넣어야 육질이 연하다고
하네요. 사태가 질길 줄 알았는데,
갈비찜처럼 부드러웠어요.
매콤하게 즐기려면 고추를
추가하세요."

갈비찜보다 저렴하고 열량도 낮은
연근 사태찜

1 쇠고기는 키친타월로 감싸
핏물을 제거하고 질긴 힘줄 부분을 없앤다.
5×5cm 크기, 2cm 두께로 썬 후
배즙과 버무려 10분간 둔다.
★ 배즙은 배를 강판에 갈아 만든다.

2 연근은 필러로 껍질을 벗겨
길이로 2등분한 후 5cm 두께의
세모 모양으로 썬다.

3 양파는 1.5cm 두께로 썰고,
생강은 0.5cm 두께로 편 썬다.
대파와 홍고추는 0.5cm 두께로 어슷 썬다.
작은 볼에 양념 재료를 넣어 골고루 섞는다.

4 냄비에 국물 재료를 모두 넣고 센 불에서
끓어오르면 사태를 넣고 중간 불로 줄여
뚜껑을 덮은 채 20분간 삶는다.
국물 재료를 건져낸 후 연근을 넣고
뚜껑을 덮은 채 10분간 더 끓인다.

5 양념의 2/3분량을 넣고 뚜껑을 덮은 채
10분간 끓인다.
★ 냄비에 양념이 눌어붙지 않도록
중간중간 저어준다.

6 양파와 나머지 양념을 넣어 뚜껑을 덮고
중간 불에서 4분, 대파와 홍고추를 넣어
1분간 익힌다.

조리시간 · 1시간~1시간 10분
재료 · 2인분
- □ 쇠고기 사태 400g
- □ 연근 지름 4cm,
  길이 10cm(200g)
- □ 배즙 3큰술(배 1/10개분)
- □ 양파 1/4개
- □ 대파(흰 부분) 10cm
- □ 홍고추 1개

국물
- □ 물 3컵(600㎖)
- □ 양파 1/4개
- □ 대파(푸른 부분) 20cm
- □ 생강 1톨(마늘 크기, 5g)

양념
- □ 설탕 1과 1/3큰술
- □ 다진 파 1큰술
- □ 다진 마늘 1큰술
- □ 청주 1큰술
- □ 양조간장 4큰술
- □ 후춧가루 약간

알아두세요
육류 요리에 연근 곁들이기
육류 요리에 연근을 곁들이면
맛도 잘 어울리고 소화도 잘 된다.
연근의 '뮤신' 성분이 단백질의
소화를 돕고 위를 보호하기
때문이다. 또한 혈중 콜레스테롤
수치를 떨어뜨리고 육류 섭취로
인해 몸이 산성 체질로 바뀌는
것도 중화시킨다.

우엉의 부드러운 식감이 좋은
어묵 우엉조림

독자의 한마디
"아이들이 우엉을
싫어하는데 어묵과 함께
반찬으로 만드니 아이들도
아주 잘 먹었답니다."

조리시간 · 30~40분
재료 · 3~4인분

- □ 우엉 지름 2cm,
  길이 60cm(150g)
- □ 사각 어묵 2장(100g)
- □ 대파(푸른 부분) 30cm
- □ 식용유 1큰술
- □ 올리고당 1큰술
- □ 통깨 1큰술
- □ 참기름 1/2큰술

양념
- □ 맛술 1과 1/2큰술
- □ 양조간장 1큰술
- □ 설탕 1작은술
- □ 물 1/4컵(50㎖)

1. 우엉 데칠 물(3컵)을 끓인다. 우엉은 필러로 껍질을 벗겨 길이로 2등분한 후 0.3cm 두께로 길게 어슷 썬다.

2. 대파는 어슷 썰고, 어묵은 길이로 2등분한 후 1cm 폭으로 썬다. 볼에 양념 재료를 넣어 섞는다.

3. ①의 끓는 물에 우엉과 식초(1작은술)를 넣은 후 센 불에서 끓어오르면 3분간 데친 후 체에 밭쳐 찬물에 헹궈 물기를 뺀다.

4. 달군 팬에 식용유를 두르고 우엉을 넣어 중약 불에서 2분 30초간 볶는다.

5. 양념을 넣고 센 불로 올려 끓어오르면 약한 불로 줄여 5~6분간 저어가며 조린다.

6. 어묵, 대파, 올리고당을 넣고 중간 불로 올려 2분간 볶은 후 불을 끄고 통깨, 참기름을 넣어 섞는다.

체중 감량식으로도 좋은
우엉 닭고기덮밥

독자의 한마디
"아삭한 우엉과 부드러운
닭가슴살을 함께 맛볼 수 있는,
건강한 한끼에요. 우엉은 손질이
어려워 잘 사지 않던 재료인데,
이렇게 어슷하게 써니깐
훨씬 편해요."

조리시간 · 25~35분
재료 · 2인분

□ 따뜻한 밥 2공기(400g)
□ 닭가슴살 1쪽
　(또는 닭안심 4쪽, 100g)
□ 우엉 지름 2cm,
　길이 40cm(100g)
□ 대파(흰 부분) 20cm
□ 식용유 1큰술
□ 물 1/2컵(100㎖)
□ 참기름 1큰술
□ 후춧가루 약간

양념

□ 설탕 1큰술
□ 다진 마늘 1큰술
□ 양조간장 2와 1/2큰술
□ 맛술 1큰술
□ 후춧가루 약간

1 우엉은 필러로 껍질을 벗긴 후 0.5cm 두께로 어슷 썬다.

2 대파는 5cm 길이로 썬 후 길이로 2등분해
　가운데 심을 뺀 다음 가늘게 채 썬다.
　찬물에 5분간 담가 매운맛을 뺀 후 체에 밭쳐 물기를 뺀다.
　닭가슴살은 1×5cm 크기로 썬다.

3 볼에 양념 재료, 닭가슴살을 넣고 버무려 10분간 재운다.

4 달군 팬에 식용유를 두르고 우엉과 대파 1/2분량을 넣어
　약한 불에서 2분, 닭가슴살을 넣고 중간 불로 올려 2분,
　물을 넣고 3분간 끓인다.

5 불을 끄고 참기름, 후춧가루를 넣어 섞은 후
　밥 위에 나눠 올리고 나머지 대파를 올린다.

★ 고추장 양념으로 매콤하게 즐기기

독자의 한마디
"처음 해보는 더덕 손질을
자세하게 소개해 전혀 어려움
없이 요리할 수 있었어요. 달콤
짭조름한 양념이 더덕의 쓴맛을
잡아줘 아이들도 맛있게
먹을 수 있었지요."

왕초보 홈파티의 인기 만점 메뉴
더덕 삼겹살구이

1 큰 볼에 양념 재료를 넣어 섞는다.
삼겹살을 넣고 버무린 후 랩을 씌워
냉장실에서 30분간 재운다.

2 더덕은 위생장갑을 끼고 칼로 돌려가며
껍질을 벗긴다. ★ 더덕의 끈적이는 성분은
세척이 어려우므로 꼭 위생장갑을 낀다.

3 더덕을 0.5cm 두께로 길게 편 썬 다음
물(2컵) + 소금(1작은술)에 5분간 담가
쓴맛을 뺀 후 체에 밭쳐 그대로 물기를 뺀다.
도마에 더덕을 올려 밀대로 밀거나 두드린다.

4 ③의 더덕을 ①의 볼에 넣고 버무려 랩을 씌워
냉장실에서 5분간 둔다.

5 팬을 약한 불로 달궈 식용유를 두른 다음
키친타월로 골고루 펴 바른다.

6 삼겹살과 더덕을 올려 중간 불에서
앞뒤로 뒤집어가며 6~7분간 굽는다.

조리시간 · 45~55분
재료 · 2~3인분

□ 삼겹살 3줄(300g)
□ 더덕 9개(180g)
□ 식용유 1큰술

양념
□ 설탕 1큰술
□ 다진 마늘 1큰술
□ 양조간장 2와 1/2큰술
□ 물 1큰술
□ 맛술 1큰술
□ 참기름 1큰술
□ 후춧가루 약간

알아두세요
고추장 양념으로 매콤하게 즐기기
양념을 설탕 1큰술, 고춧가루
1큰술, 다진 마늘 1큰술,
맛술 2큰술, 물 2큰술, 양조간장
1과 1/2큰술, 고추장 4큰술,
참기름 1큰술, 후춧가루 약간으로
대체해 고추장 양념의
삼겹살 더덕구이로 즐겨도 좋다.

향긋한 향으로 입맛을 돋우는
더덕 고추장구이

독자의 한마디
"결혼 전 엄마가 자주
해주신 메뉴를 만들어봤네요.
이 요리로 밥 한 공기 다 먹었어요.
더덕을 밀대로 살살 두드려
얇게 펴야 더욱 부드럽게
즐길 수 있답니다. "

조리시간 · 25~35분
재료 · 2~3인분

- □ 더덕 7개(140g)
- □ 참기름 1큰술
- □ 양조간장 1작은술
- □ 식용유 1작은술

양념
- □ 물 1큰술
- □ 고추장 2큰술
- □ 다진 마늘 1작은술
- □ 올리고당 1작은술

1 더덕은 위생장갑을 끼고
칼로 돌려가며
껍질을 벗긴 후 두께가
굵으면 길이로 2등분한다.
도마 위에 더덕을 올린 후
랩을 싼 밀대로 두드리며
얇게 편다.

2 볼에 참기름, 양조간장을
넣어 섞은 후 더덕에
고르게 바른다.

3 약한 불로 달군 팬에
식용유를 두르고 더덕을
올려 약한 불에서 앞뒤로
각각 1분씩 구운 후 그릇에
덜어둔다.

4 볼에 양념 재료를 넣어
섞은 후 구운 더덕에 고르게
바른다.

5 ③의 팬을 닦고 약한 불로
달궈 양념한 더덕을 올리고
앞뒤로 각각 1분씩 굽는다.

고소한 양념 맛과 아삭한 식감이 조화로운
더덕 닭고기냉채

조리시간 · 35~45분
재료 · 3~4인분

□ 더덕 5개(100g)
□ 닭가슴살 1쪽(100g)
□ 오이고추 1개
  (또는 풋고추 2개, 생략 가능)
□ 청주 1큰술

양념
□ 호두 1과 1/2큰술(15g)
□ 통깨 3큰술
□ 마요네즈 3큰술
□ 소금 2/3작은술
□ 식초 2작은술

독자의 한마디
"요리 과정에서 불의 사용이
적어 간단하게 만들기 좋아요.
더덕은 소금물에 충분히 담가
쓴맛을 완전히 제거하면
아이들도 잘
먹을 것 같아요."

1 물(2컵)을 끓여 닭가슴살,
  청주를 넣고 중간 불에서
  14분간 삶아 건져 한 김
  식힌다.

2 더덕은 위생장갑을 끼고
  칼로 돌려가며 껍질을 벗겨
  2등분한 후 길게 0.5m
  두께로 편 썬다.

3 물(2컵)+소금(1작은술)에
  5분간 담가 쓴맛을 제거하고
  체에 밭쳐 물기를 뺀 다음
  밀대로 밀거나 두드린 후
  0.5cm 두께로 채 썬다.

4 오이고추는 길이로
  2등분한 후 씨를 제거하고
  4cm 길이로 가늘게 채 썬다.

5 닭가슴살은 먹기 좋게 찢고
  푸드프로세서에 호두와
  통깨를 넣어 곱게 간다.

6 큰 볼에 양념 재료를 넣어
  섞은 후 모든 재료를 넣고
  무친다.

고소함이 어우러진 데리야키 소스의
더덕 새송이버섯 버터구이

독자의 한마디
"특색있는 메뉴인데,
만들기 쉬우면서도 맛있어요.
더덕 특유의 향은 줄었지만
풍미가 부드러워
아이들도 좋아했습니다."

조리시간 · 30~40분
재료 · 2인분

- □ 더덕 5개(100g)
- □ 새송이버섯 2개(160g)
- □ 소금 1/4작은술
- □ 버터 1큰술 + 1큰술

데리야키 소스
- □ 설탕 3큰술
- □ 맛술 1과 1/2큰술
- □ 청주 1과 1/2큰술
- □ 물 1과 1/2큰술
- □ 양조간장 3큰술
- □ 레몬즙 1작은술
  (또는 식초 1/2작은술)

1 더덕은 위생장갑을 끼고 칼로 돌려가며 껍질을 벗겨 모양대로 0.5cm 두께로 얇게 편 썬다. 물(2컵) + 소금(1작은술)에 10분간 담가 쓴맛을 제거한 다음 체에 밭쳐 물기를 빼고 밀대로 밀어 부드럽게 한다.

2 새송이버섯은 모양대로 0.5cm 두께로 썬다.

3 작은 팬에 데리야키 소스 재료를 넣고 약한 불로 12분간 저어가며 졸인 후 불을 끈다.

4 다른 팬을 약한 불에서 달궈 버터 1큰술을 넣고 녹인 후 새송이버섯을 넣는다. 소금을 뿌려 중약 불에서 앞뒤로 각각 1분 30초씩 구워 그릇에 덜어둔다.

5 ④의 팬에 다시 버터 1큰술을 넣고 녹인 다음 더덕을 넣어 중약 불에서 앞뒤로 각각 1분 30초씩 굽는다.

6 새송이버섯과 더덕을 그릇에 담고 데리야키 소스를 곁들인다.

인기 안주가 별미 반찬으로 변신
도라지 골뱅이무침

독자의 한마디
"자주 먹는 골뱅이무침에
도라지를 넣으니 건강한 메뉴로
업그레이드되었네요.
도라지를 바락바락 문질러
물에 충분히 헹궈야 쓴맛이
제대로 빠진답니다."

조리시간 · 15~25분
재료 · 2~3인분

☐ 손질 도라지 2/3줌(75g)
☐ 통조림 골뱅이 1캔
　(작은 것, 235g)
☐ 양파 1/4개
☐ 풋고추 1개

양념
☐ 고춧가루 1큰술
☐ 설탕 1/2큰술
☐ 다진 파 1큰술
☐ 식초 1과 1/2큰술
☐ 양조간장 1큰술
☐ 다진 마늘 1작은술
☐ 참기름 1작은술
☐ 통깨 약간

1 볼에 도라지, 소금 1큰술을
　넣고 물이 생길 때까지
　힘주어 바락바락 주무른다.
　찬물에 2~3회 헹군 후
　물기를 꼭 짠다.
　★ 두꺼운 부분은 길이로
　2등분해도 좋다.

2 양파는 0.5cm 두께로
　채 썰고, 풋고추는 어슷 썬다.

3 골뱅이는 체에 밭쳐 물기를
　뺀 후 2~3등분한다.

4 큰 볼에 양념 재료를 넣고
　섞은 후 도라지, 골뱅이, 양파,
　풋고추를 넣고 무친다.

마늘 향이 솔솔 살아있는
대하 채소볶음

1 양파, 피망은 2×2cm 크기로 썬다.
표고버섯은 기둥을 제거하고 4등분한다.

2 대파는 3cm 길이로 어슷 썰고,
마늘은 얇게 편 썬다.
작은 볼에 양념 재료를 넣고 섞는다.

3 대하는 흐르는 물에 씻은 후 키친타월로
물기를 제거한다. 머리와 꼬리는
그대로 두고, 등쪽을 길게 반으로 갈라
내장을 꺼낸 후 넓게 펼친다. 펼친 대하의
앞뒷면에 감자전분을 묻힌다.

4 달군 팬에 식용유 1큰술을 두른 후
대하의 펼쳐진 살이 팬에 닿도록 넣고
뚜껑을 덮어 중간 불에서 2분간 굽는다.
대하를 뒤집어서 1분간 더 구운 후 덜어둔다.
★ 뒤집을 때 기름이 부족하면 물 2큰술을
두른다.

5 ④의 팬을 키친타월로 닦고 센 불로 달군 후
식용유 1큰술을 두른다.
대파와 마늘을 넣어 센 불에서 30초,
양파, 피망, 표고버섯, 소금을 넣고 30초간
볶는다.

6 ⑤의 팬에 구운 대하를 넣고
양념을 골고루 뿌려 센 불에서 30초간
볶는다. 그릇에 채소와 대하를 골고루
잘 담은 후 쪽파와 통깨를 뿌린다.

조리시간 · 20~30분
재료 · 2인분

□ 대하 6마리(210g)
□ 양파 1/4개
□ 피망 1과 1/2개
□ 표고버섯 3개
□ 대파(흰 부분) 15cm
□ 마늘 4쪽
□ 감자전분 5큰술
□ 식용유 1큰술 + 1큰술
□ 소금 1/2작은술
□ 송송 썬 쪽파 2큰술
□ 통깨 1/2작은술

양념

□ 다진 마늘 1큰술
□ 청주 1과 1/2큰술
□ 양조간장 1/2큰술
□ 올리고당 1과 1/2큰술
□ 굴소스 1큰술
□ 참기름 1/2큰술
□ 다진 생강 1/2작은술

알아두세요
대하와 찰떡궁합, 표고버섯
새우의 좋은 영양 성분 중 하나가
단백질과 칼슘. 표고버섯에는
새우에 들어 있는 칼슘의
체내 흡수를 돕는 비타민 D가
다량 함유되어 있어 함께
섭취할수록 칼슘 흡수율이 더욱
높아진다. 또 표고버섯에는
양질의 식이섬유가 많아
새우의 콜레스테롤을 낮춰주는
역할을 하기도 한다.

166

독자의 한마디
"마요네즈가 들어가는
소스라서 느끼하지 않을까
걱정했는데, 다진 마늘과
고추가 매운맛을 살짝
더해줘서 맛있었어요."

양식 스타일의 인기 메뉴

갈릭 마요 소스 새우구이

1 새우의 입, 긴 수염, 머리 위의 뾰족한 부분,
물총을 가위로 잘라낸다.
머리는 떼어낸 후 씻어서 따로 둔다.
★ 다리가 길면 가위로 자른다.

2 꼬리 앞 마지막 한 마디를 남기고
새우의 껍질을 벗긴다.

3 등 쪽에 칼집을 깊게 낸 후 펼쳐
내장을 제거한다.

4 그릇에 새우의 머리와 몸통을 담고
새우 밑간 재료를 뿌려 5분간 둔다.
작은 볼에 갈릭 마요 소스 재료를 넣고 섞는다.

5 달군 팬에 식용유를 두르고 불을 끈 후
새우의 갈라놓은 무분이 팬에 닿도록 올리고,
머리도 한쪽에 올린 후 센 불에서 앞뒤로
각각 2분씩 굽는다.

6 갈릭 마요 소스를 붓고 중약 불로
줄여 2분간 볶는다.
★ 팬의 크기에 따라 나눠 볶아도 좋다.
단, 나눠 볶을 경우 식용유와 소스도 2회에
나눠 넣는다.

조리시간 · 30~40분
재료 · 3~4인분

□ 새우 8마리
 (대하, 또는 다양한
 크기의 새우, 280g)
□ 식용유 2큰술

새우 밑간
□ 청주 2큰술
□ 소금 1/3작은술
□ 후춧가루 약간

갈릭 마요 소스
□ 다진 풋고추
 (또는 청양고추) 1개분
□ 다진 홍고추 1개분
□ 다진 마늘 3큰술
□ 마요네즈 8큰술
□ 설탕 1과 1/2작은술

알아두세요
대하 보관하기
대하는 손질한 후 나중에
조리하기 편리하도록 겹치지
않게 펼쳐 랩으로 싸서
냉동 보관한다. 보관할 때는
날짜를 기입해 언제 구입한
재료인지 확인할 수 있도록 할 것.
냉동한 대하는 흐르는 물에
해동하는 것이 빠르며,
반드시 물기를 제거한 후 사용한다.

독자의 한마디
"튀김은 잘 안하게 되는데,
이 요리는 조리법이 간단해요.
새우를 사랑하지만, 느끼해서
많이 먹을 수 없던 저를 위한
메뉴! 새콤달콤해서
계속 먹게 돼요."

유명 중식당의 벤치마킹 메뉴
와사비새우

1 생새우살은 소금, 후춧가루를
골고루 뿌려 5분간 둔 후 키친타월로 감싸
물기를 제거한다. 양상추는 한입 크기로 뜯는다.
★ 새우살의 물기를 잘 닦아야
튀김반죽이 골고루 잘 묻는다.

2 볼에 달걀흰자와 감자전분을 넣어 섞은 후
생새우살을 넣고 버무린다.

3 깊고 두꺼운 냄비에 식용유를 붓고
중간 불로 끓여 180℃(새우살을 하나
넣었을 때 기포가 많이 생기는 정도)가 되면
새우살을 젓가락으로 하나씩 넣어가며
2분간 튀긴다. 키친타월에 올려 기름기를 뺀다.

4 팬에 와사비 마요 소스 재료를 넣어 섞는다.
중간 불로 끓여 가장자리가 끓어오르면
주걱으로 저어가며 30초간 더 끓인 후
불을 끈다.

5 ③의 새우 튀김을 넣고 주걱으로 잘 섞는다.
그릇에 양상추를 담고 와사비새우를 올린다.

조리시간 · 25~35분
재료 · 2~3인분

□ 냉동 생새우살 16마리
　(킹 사이즈, 약 250g)
□ 양상추 3장
　(손바닥 크기, 45g, 생략 가능)
□ 소금 약간
□ 후춧가루 약간
□ 달걀흰자 1개분
□ 감자전분 5큰술
□ 식용유 2컵(400㎖)

와사비 마요 소스
□ 설탕 1과 1/2큰술
□ 레몬즙 2큰술
　(레몬 1/2개분)
□ 연와사비 1/2큰술
　(기호에 따라 가감)
□ 플레인 요구르트
　1과 1/2큰술
□ 마요네즈 1과 1/2큰술

알아두세요
튀김 기름 처리하기
빈 우유팩을 뜯어 신문지 1/2장
뭉친 것을 넣고 기름을 붓는다.
그 위에 신문지를 뭉쳐 넣은 후
기름을 붓고 다시
신문지 뭉친 것을 넣어
기름이 흡수되면
우유팩의 입구를 테이프로 봉해
일반 쓰레기 봉투에 버린다.

독자의 한마디
"새우젓으로 간을 해
새우의 풍미를 느낄 수 있어요.
미나리와 콩나물은 함께 요리하면
궁합이 잘 맞는다고 하네요.
술 마신 다음 날
남편을 위한 메뉴!"

대하에 채소를 듬뿍 넣어 맛과 영양 균형을 맞춘
대하 맑은 탕

1 냄비에 국물 재료를 넣고 센 불에서
끓어오르면 중약 불로 줄여 5분간 끓인 후
다시마를 건져낸다. 5분간 더 끓인 후
체에 밭쳐 건더기와 국물을 따로 분리해 둔다.
★ 완성된 국물의 양은 4컵(800㎖)이며
부족한 경우 물을 더한다.

2 대하는 껍질째 흐르는 물에 씻는다.
작은 볼에 양념 재료를 넣고 섞는다.
콩나물은 체에 밭쳐 흐르는 물에 씻은 후
그대로 물기를 뺀다.

3 미나리는 잎을 떼어내고 줄기만 4cm 길이로
썰고, 대파는 2cm, 홍고추는 0.5cm 두께로
어슷 썬다.

4 냄비에 콩나물과 ①의 국물을 넣고
중간 불에서 3분, 대하를 넣고 3분간 끓인다.

5 대파, 홍고추, 양념을 넣고 중간 불에서
3분간 끓인 후 불을 끄고 미나리를 넣는다.
★ 끓이는 중간중간 거품을 걷어낸다.

조리시간 · 30~40분
재료 · 2인분

□ 대하 4마리(140g)
□ 미나리 1줌(70g)
　★ 손대중량 11쪽
□ 콩나물 1과 1/2줌(70g)
　★ 손대중량 11쪽
□ 대파(흰 부분) 15cm
□ 홍고추 1개

국물
□ 물 4와 1/2컵(900㎖)
□ 다시마 5 × 5cm
□ 두절 건새우 1/3컵(10g)

양념
□ 다진 마늘 1/2큰술
□ 청주 2큰술
□ 새우젓 1과 1/2큰술
□ 소금 1/3작은술
□ 다진 생강 1/2작은술

알아두세요
대하 고르는 법
껍질이 윤이 나고 투명하며
두꺼울수록 신선한 것이다.
머리 부분과 수염이 떨어져 나간
대하는 오래된 것이니 완전한 새우
모양을 갖춘 것을 고른다.

자연산 vs 양식
자연산 대하의 크기는
20cm 정도로 크며 다리 색깔은
붉다. 반면 양식 대하는
15cm 크기이며 흰색 다리를
가지고 있다.
가장 쉽게 구별하는 방법은
수염의 길이를 비교하는 것인데
15cm 이하면 양식 대하라고
보면 된다.

독자의 한마디
"된장찌개의 맛 내기가
항상 어려웠는데, 레시피를
그대로 따라 하니 구수한
된장찌개 맛이 살아 있어요.
보리밥에 쓱쓱 비벼 먹으면
맛있을 것 같아요."

쫄깃함과 깊은 맛이 참 좋은
우렁이 된장찌개

1 냄비에 국물 재료를 넣고 센 불에서
끓어오르면 중약 불로 줄여 5분간 끓인다.
★ 끓어오르면서 생기는 거품은 고운 체
또는 숟가락으로 걷어낸다.

2 다시마를 건져내고 10분간 더 끓인 다음
멸치, 대파를 건져낸다.
★ 완성된 국물의 양은 2컵(400㎖)이며
부족할 경우 물을 더한다.

3 볼에 우렁이, 밀가루를 넣어 조물조물
버무린다. 체에 받쳐 맑은 물이 나올 때까지
흐르는 물에 씻은 후 그대로 물기를 뺀다.
★ 밀가루에 버무리는 것은 점액질과
잡내를 제거하기 위한 과정이며 밀가루 대신
쌀뜨물(2컵)을 사용해도 좋다.

4 새송이버섯은 길이로 2등분하여
0.5cm 두께로 썬다. 애호박은 열십(+)자로
썬 후 0.5cm 두께로 썬다.

5 양파는 사방 2×2cm 크기로 썬다.
대파와 청양고추는 어슷 썬다.

6 ②의 냄비에 양념 재료를 넣고 섞는다.
새송이버섯, 애호박, 양파를 넣고 센 불에서
끓어오르면 약한 불로 줄여 5분간 끓인다.
우렁이, 청양고추, 대파를 넣고 센 불로 올려
끓어오르면 중간 불로 줄여 3분간 끓인다.

조리시간 · 30~40분
재료 · 2~3인분

□ 우렁이 1컵(100g)
□ 새송이버섯 1개(80g)
□ 애호박 1/2개(135g)
□ 양파 1/4개
□ 청양고추 1개(생략 가능)
□ 대파(흰 부분) 15cm
□ 밀가루 2큰술

국물
□ 물 3컵(600㎖)
□ 국물용 멸치 10마리
□ 다시마 5×5cm 2장
□ 대파(푸른 부분) 20cm

양념
□ 된장 3큰술
　(집 된장일 경우 1과 1/2큰술)
□ 고추장 1큰술
□ 고춧가루 1작은술
□ 다진 마늘 1작은술

알아두세요
남은 우렁이 보관하기
우렁이는 한 번 먹을 분량씩
지퍼백에 담고 잠길 만큼의 물을
넣은 후 밀봉해 냉동 보관한다.
냉장실이나 찬물에서 해동한 후
국, 찌개에 넣어 활용하면 된다.

독자의 한마디
"조방낙지는 낙지볶음밥과
비슷한데, 부산의 백반집에서
시작된 요리라고 하네요. 완성된
볶음밥 위에 생부추를 곁들여
먹으면 부추 특유의 향과
맛이 더해져 맛나요."

조방낙지

팬에 달달 볶아먹는 부산의 별미 볶음밥

1 낙지를 손질한 후 머리는 3등분하고,
다리는 6cm 길이로 썬다.
생새우살은 물(2컵)에 10분간 담가
해동한 후 흐르는 물에 헹군다.
★ 낙지 손질하기 14쪽 참고

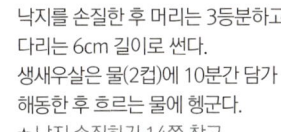

2 당면 삶을 물(5컵)을 끓인다.
콩나물은 체에 밭쳐 흐르는 물에 씻어
그대로 물기를 빼고 대파는 2cm 두께로 썬다.
작은 볼에 양념 재료를 넣고 섞는다.
김은 잘게 부순다.

3 ②의 끓는 물에 당면을 넣고 중간 불에서
5분간 삶는다. 체에 밭쳐 찬 물에 헹궈
물기를 빼고 가위로 3등분한다.

4 달군 팬에 식용유를 두르고 낙지, 새우,
양념, 콩나물, 대파를 넣어 센 불에서
2분간 볶은 후 당면을 넣고 섞는다.

5 밥을 넣고 비비면서 중간 불에서
2분간 볶는다. 불을 끈 후 김, 참기름,
통깨를 넣고 버무린다.
★ 송송 썬 부추를 김과 함께 넣어도 좋다.

조리시간 · 30~40분
재료 · 2~3인분

- [ ] 밥 1과 1/2공기(300g)
- [ ] 낙지 2~3마리(420g)
- [ ] 냉동 생새우살 7마리
  (킹사이즈, 100g)
- [ ] 당면 1/2줌(50g)
  ★ 손대중량 11쪽
- [ ] 콩나물 2줌(100g)
  ★ 손대중량 11쪽
- [ ] 대파 40cm
- [ ] 조미 김(A4 용지 크기) 1장
- [ ] 식용유 1큰술
- [ ] 참기름 1/2큰술
- [ ] 통깨 1작은술

양념

- [ ] 고춧가루 2큰술
- [ ] 다진 마늘 1큰술
- [ ] 양조간장 1큰술
- [ ] 올리고당 1과 1/2큰술
- [ ] 맛술 2큰술
- [ ] 고추장 2큰술
- [ ] 소금 2/3작은술

알아두세요
국내산 낙지 고르기
국내산 낙지는 몸 빛깔이
회백색에 가깝고 다리가 가늘며
흡반이 작은 편. 반면에 수입산
낙지는 몸 빛깔이 갈색을 띠며
다리가 굵고, 흡반이 대체로 크며
돌출되어 있다.

독자의 한마디
"조리과정은 간단한데,
요리가 근사해요. 매운 떡볶이를
고소한 땅콩 마요 소스에 찍어
깻잎에 싸 먹는 방법이 재미있어
손님 상에 내놓아도
칭찬받겠네요."

떡볶이가 근사한 일품 요리로 변신

낙지떡볶이와 땅콩 마요 소스쌈

1 떡볶이 떡 데칠 물(2컵)을 끓인다.
대파는 1×5cm 크기로 채 썰고,
청양고추는 어슷 썬다.
작은 볼에 소스 재료를 넣고 섞는다.

2 ①의 끓는 물에 떡볶이 떡을 넣어 중간 불에서
1분간 데친 후 체에 밭쳐 물기를 뺀다.
볼에 양념 재료와 떡을 넣고 버무린다.
★ 떡볶이 떡이 말랑하다면 데치지 않고
바로 양념과 버무린다.

3 낙지는 손질한 후 큰 볼에 밀가루(3큰술)와
함께 넣어 바락바락 주무른다.
맑은 물이 나올 때까지 흐르는 물에서
주물러 씻은 후 체에 밭쳐 물기를 뺀다.
★ 낙지 손질하기 14쪽 참고

4 다리는 4cm, 머리는 2cm 길이로 썬다.

5 깊은 팬을 달군 후 식용유를 두르고
떡볶이 떡, 청양고추를 넣어 중간 불에서
2분간 볶는다. 센 불로 올려 낙지, 양조간장을
넣고 1분간 볶은 후 대파를 넣고 1분간 더
볶는다. 불을 끄고 참기름과 통깨를 넣어
버무린 후 깻잎과 소스를 곁들인다.

조리시간 · 35~45분
재료 · 2~3인분

- [ ] 낙지 1~2마리(220g)
- [ ] 떡볶이 떡 1과 1/3컵(200g)
- [ ] 깻잎 20장(기호에 따라 가감)
- [ ] 대파(흰 부분) 45cm
- [ ] 청양고추 1개
- [ ] 식용유 2큰술
- [ ] 양조간장 2작은술
- [ ] 참기름 1작은술
- [ ] 통깨 1작은술

양념
- [ ] 설탕 1큰술
- [ ] 고춧가루 2큰술
- [ ] 다진 마늘 1큰술
- [ ] 고추장 1큰술
- [ ] 통깨 1작은술

땅콩 마요 소스
- [ ] 다진 양파 1/4개분
- [ ] 다진 땅콩 2큰술(20g)
- [ ] 마요네즈 5큰술
- [ ] 올리고당 1큰술

알아두세요

매운 낙지요리가 많은 이유
낙지는 성질이 차갑기 때문에
맵고 따뜻한 성질의 고추장으로
양념해 먹으면 성질이 중화되어
좋다. 뿐만 아니라 낙지의
감칠맛과 매운맛이 잘 어울리니
조리할 때 고추를 넣어도 좋다.
고추는 고단백 식품인 낙지에
부족한 비타민 A와 C를
보충해주기도 한다.

시원한 맛 때문에 해장용으로 제격

낙지 뭇국

독자의 한마디
"낙지에 특별히 양념을
하지 않아도 낙지의 감칠맛을
제대로 느낄 수 있는 메뉴였어요.
무를 함께 넣으니 국물이
담백해요. 남편의 해장국으로
좋을 것 같아요."

조리시간 · 25~35분
재료 · 2인분

□ 낙지 1~2마리(220g)
□ 대파(흰 부분) 10cm
□ 국간장 1/3작은술
□ 소금 2/3작은술

국물

□ 물 4와 1/3컵(약 870㎖)
□ 국물용 멸치 15마리
□ 다시마 5×5cm 2장
□ 무 지름 10cm, 두께 3cm
　(300g)

1 무는 3×3cm 크기,
0.3cm 두께로 썬다.
대파는 어슷 썬다.

2 냄비에 국물 재료를 넣고
센 불에서 끓어오르면
중약 불로 줄이고 5분간
끓인 후 다시마를 건져낸다.
5분간 더 끓인 후 멸치를
건져낸다. ★ 완성된 국물의
양은 3컵(600㎖)이며
부족할 경우 물을 더한다.

3 낙지는 손질한 후 머리는
3등분하고, 다리는 6cm
길이로 썬다.
★ 낙지 손질하기 14쪽 참고

4 ②의 국물에 국간장을 넣고
센 불에서 끓어오르면
낙지를 넣는다. 중간 불로
줄여 1분간 끓인 후
대파와 소금을 넣고 1분간
더 끓인다.

국물 있게 조려 밥을 비벼 먹어도 좋은
꽁치 대파조림

독자의 한마디
"양념이 잘 밴 생선조림만큼
밥반찬으로 좋은 것이
없지요. 꽁치를 간장 양념에
국물있게 조려 생선 살을 찍어
먹거나 밥을 비벼 먹으면
맛있습니다."

조리시간 · 30~40분
재료 · 2~3인분

- □ 꽁치 2마리(270g)
- □ 대파(흰 부분) 7cm 4대
- □ 대파(푸른 부분) 7cm 15대

꽁치 밑간
- □ 청주 1큰술
- □ 소금 1작은술
- □ 후춧가루 약간

양념
- □ 다진 마늘 1큰술
- □ 청주 1큰술
- □ 양조간장 3큰술
- □ 올리고당 1과 2/3큰술
- □ 설탕 1/5작은술
- □ 다진 생강 1/2작은술
- □ 물 3/4컵

1 꽁치를 손질해 등 쪽에
2cm 간격으로 칼집을 내고
꽁치 밑간 재료와 버무려
10분간 낸다.
★ 꽁치 손질하기 15쪽 참고

2 작은 볼에 양념 재료를
넣고 섞는다.

3 냄비에 꽁치와 2큰술을
제외한 양념을 넣고 센 불에서
끓어오르면 중약 불로 줄여
뚜껑을 덮은 채 10분간
끓인다. 끓이는 중간중간
숟가락으로 국물을 끼얹는다.

4 꽁치 위에 대파를 넣어 덮고
나머지 양념을 대파 위에
골고루 뿌린다. 중간 불에서
뚜껑을 덮은 채 5분간 끓인다.
끓이는 중간중간 숟가락으로
국물을 끼얹는다.

촉촉하게 밴 양념이 맛있는
자반고등어찜

독자의 한마디
"쉽게 구할 수 있는 재료로
간단하게 만들면서도
식탁을 꽉 채워줄 메뉴예요.
고등어의 비린내도
전혀 나지 않고 조림보다
간편하고 맛있어요."

조리시간 · 40~50분
재료 · 2인분

☐ 자반고등어 1마리(330g)
☐ 대파(흰 부분) 10cm
☐ 대파(푸른 부분) 10cm
☐ 쌀뜨물 3컵(또는 물, 600㎖)

양념
☐ 고춧가루 1과 1/2큰술
☐ 다진 마늘 1큰술
☐ 물 1큰술
☐ 맛술 1큰술
☐ 양조간장 1큰술
☐ 다진 생강 1/2작은술
☐ 참기름 1작은술
☐ 후춧가루 약간

1 대파는 송송 썬다. 작은 볼에
양념 재료를 넣어 섞는다.

2 자반고등어는 머리와 꼬리,
지느러미를 제거한 후
안쪽의 이물질은 흐르는 물에
씻어낸다.

3 껍질 쪽에 1cm 깊이의
칼집을 4~5군데 넣는다.

4 볼에 고등어와 쌀뜨물
3컵(600㎖)을 넣어
10분간 둔 다음
키친타월로 물기를 제거한다.

5 찜기의 1/2 지점까지
물을 붓고 뚜껑을 덮어
센 불에서 끓인다. 종이 포일에
자반고등어의 껍질 쪽이
위를 향하도록 펼쳐 올린 다음
양념을 골고루 올리고
대파를 올려 5분간 재운다.

6 김이 오른 찜기에
종이 포일째로 올려
중간 불에서 15~18분간 찐다.

살만 발라내 아이들이 더욱 잘 먹는
고등어강정

조리시간 · 30~40분
재료 · 2인분

☐ 고등어 1마리
　 (구이용으로 손질된 것, 380g)
☐ 감자전분 6큰술
☐ 식용유 4큰술 + 2큰술
☐ 참기름 1/2작은술

고등어 밑간
☐ 청주 1큰술
☐ 후춧가루 1/4작은술
☐ 다진 생강 1/4작은술

양념
☐ 다진 마늘 1큰술
☐ 맛술 2큰술
☐ 양조간장 1/2큰술
☐ 토마토케첩 2큰술
☐ 올리고당 1과 2/3큰술
☐ 고추장 2큰술
☐ 다진 생강 1/4작은술
☐ 물 1/3컵

1　고등어는 살만 분리해 사방 4cm
　크기로 썰어 고등어 밑간과 함께
　버무려 10분간 재운다. 작은 볼에
　양념 재료를 넣어 섞는다.

2　고등어는 키친타월로 감싸
　물기를 없애고 감자전분을
　꼭꼭 누르면서 묻힌다.

3　달군 팬에 식용유 4큰술을 두르고
　고등어를 넣어 중간 불에서
　3분간 굽는다. 뒤집어서 식용유
　2큰술을 더 두르고 3분간 굽는다.
　키친타월에 올려 기름을 제거한다.

4　③의 팬을 키친타월로 닦고
　양념을 넣어 약한 불에서
　끓어오르면 1분간 끓인 후
　고등어를 넣어 양념이 골고루
　묻도록 1분 30초간 버무린다.
　참기름을 두른다.

독자의 한마디
"삼치의 살이 부드러워
너무 작게 썰면 으스러질 수
있어요. 적당한 크기로
썰어야 깔끔하게 먹을 수
있지요."

가족 모두 좋아하는 부드럽고 구수한 맛
삼치 애호박 된장조림

1 가위로 삼치의 지느러미와 꼬리를 잘라낸 후 3등분한다.

2 손질한 삼치의 껍질이 바닥에 닿도록 그릇에 담고 삼치 밑간 재료를 골고루 뿌려 10분간 재운다.

3 애호박은 길이로 2등분한 다음 0.7cm 두께로 썬다. 양파는 사방 2.5×2.5cm 크기로 썬다.

4 작은 볼에 양념 재료를 넣고 섞는다.

5 냄비에 애호박과 양파를 깔고 삼치의 껍질이 아래를 향하도록 올린 후 양념을 골고루 뿌린다.

6 뚜껑을 덮고 센 불에서 끓어오르면 중약 불로 줄여 20분간 조린다.
★ 이 때 중간중간 국물을 끼얹으면 간이 고루 잘 밴다.

조리시간 · 35~45분
재료 · 3~4인분

□ 삼치 1/2마리
　(구이용으로 손질된 것, 400g)
□ 애호박 1개(270g)
□ 양파 1/4개

삼치 밑간
□ 소금 1/2작은술
□ 식초 2작은술
□ 후춧가루 약간

양념
□ 다진 청양고추 1/2개분
□ 다진 홍고추 1/2개분
□ 고춧가루 2큰술
□ 다진 마늘 1큰술
□ 맛술 1큰술
□ 된장 2와 1/2큰술
　(집 된장일 경우 1과 1/2큰술)
□ 참기름 1큰술
□ 다진 생강 1/2작은술
□ 물 1/2컵(100㎖)

알아두세요
양념 바꿔 남은 삼치 보관하기
남은 삼치는 소금을 뿌린 뒤
한 토막씩 랩으로 감싸 지퍼백에
담아 냉동실에 넣어두면
5~7일간 보관이 가능하다.
냉장실에서 해동한 후 구워
먹으면 된다.

Winter

추운 겨울, 뜨끈한 국물 요리와 엄마의 집밥이 더욱 생각나는 계절입니다.

보글보글 찌개와 푸근한 밥이 추위에 얼었던 마음도 사르르 녹게 해줄 거예요.

겨울에 특히 맛있는 굴, 홍합, 꼬막 등으로 만드는 별미는 놓치지 마세요.

독자의 한마디
"연와사비를 드레싱에
넣는 것이 새로웠어요.
사과는 설탕물에 담갔다가
사용하면 색이 변하지 않아
끝까지 예쁘게, 맛있게
먹을 수 있답니다."

평범한 재료를 색다르게 즐기고 싶을 때
브로콜리 사과샐러드 + 요구르트 드레싱

1 냄비에 달걀과 잠길 만큼의 물을 부어 센
불에서 끓어오르면 중간 불로 줄여
12분간 삶는다. 찬물에 담가 완전히 식힌 후
껍데기를 벗긴다. 브로콜리 데칠 물(4컵) +
소금(1작은술)을 끓인다.

2 브로콜리는 줄기의 껍질을 제거한 후
한입 크기로 썬다.

3 사과는 2등분한 후 씨를 제거하고
0.5cm 두께로 썬다. 양파는 잘게 다진다.

4 ①의 달걀은 사방 2cm 크기로 썬다.
큰 볼에 레몬즙, 설탕, 소금, 연와사비를
먼저 넣어 섞은 후 ③의 양파, 요구르트를 넣고
섞는다.

5 ①의 끓는 물에 브로콜리를 넣어
중간 불에서 1분간 데친 후 체에 밭쳐
찬물에 헹궈 물기를 꼭 짠다.

6 ④의 볼에 브로콜리, 사과, 달걀을 넣고
골고루 버무린다.

조리시간 · 25~35분
재료 · 2~3인분

□ 브로콜리 1/2개(150g)
□ 사과 1/2개
□ 달걀 2개

요구르트 드레싱
□ 레몬즙 1큰술
□ 설탕 2작은술
□ 소금 1/2작은술
□ 연와사비 1/2작은술
　(생략 가능)
□ 양파 1/5개
□ 떠먹는 플레인 요구르트
　4큰술

알아두세요
사과 깨끗하게 세척하기
사과를 찬물(5컵) +
식초(1/2컵)에 20분간 담가
두었다가 뽀드득뽀드득
문지른 후 흐르는 물에 헹군다.

입안 가득 퍼지는 고소함

브로콜리 아몬드샐러드 + 땅콩 드레싱

조리시간 · 15~25분
재료 · 2~3인분

- ☐ 브로콜리 1/2개(150g)
- ☐ 아몬드 3큰술(30g)
- ☐ 양파 1/4개

땅콩 드레싱

- ☐ 땅콩 3큰술(30g)
- ☐ 양파 1/8개
- ☐ 식초 1큰술
- ☐ 마요네즈 4큰술
- ☐ 올리고당 1큰술
- ☐ 설탕 1작은술
- ☐ 양조간장 1/2작은술

1 브로콜리 데칠 물(4컵) + 소금(1작은술)을 끓인다. 브로콜리는 줄기의 껍질을 제거한 후 한입 크기로 썬다.

2 양파는 가늘게 채 썰어 찬물에 10분간 담가 매운맛을 없애고 체에 밭쳐 물기를 뺀다. 땅콩은 껍질을 벗긴다.

3 ①의 끓는 물에 브로콜리를 넣어 중간 불에서 1분간 데친 후 찬물에 헹궈 체에 밭쳐 물기를 뺀다.

4 달구지 않은 팬에 아몬드를 넣고 중간 불에서 3분간 볶은 뒤 넓은 그릇에 펼쳐 식힌다.

5 푸드프로세서에 땅콩 드레싱 재료를 넣어 1분간 완전히 간다.

6 볼에 모든 재료를 넣어 버무린 후 드레싱을 곁들인다.

온 가족이 좋아하는
브로콜리 고기전

조리시간 · 20~30분
재료 · 15개분

- □ 브로콜리 1/2개(150g)
- □ 다진 돼지고기 100g
- □ 양파 1/8개
- □ 달걀 1개
- □ 밀가루 3큰술
- □ 소금 1/2작은술
- □ 다진 마늘 1작은술
- □ 후춧가루 약간
- □ 식용유 2큰술

독자의 한마디
"브레인 푸드의 대표주자
인 브로콜리를 잘게 다져
고기와 함께 전으로 만드니
담백하고 고소해
우리 아이도 정말 잘
먹었어요."

1 브로콜리는 한입 크기로
썰어 끓는 물(4컵) +
소금(1작은술)에 넣고
중간 불에서 1분간 데쳐
찬물에 헹군다. 물기를 뺀 후
잘게 다진다. 양파도 잘게
다진다.

2 볼에 식용유를 제외한
모든 재료를 넣어 섞는다.

3 달군 팬에 식용유를
두르고 ②를 1큰술씩
올려 0.5cm 두께로 펼쳐
중간 불에서 앞뒤로 각각
1분씩 굽는다.
★ 팬의 크기에 따라 나눠
굽거나 식용유가 부족하면
더한다.

샐러드만으로도 충분한 한 끼가 되는

시금치샐러드 + 깨 드레싱

독자의 한마디

"처음엔 생시금치를 먹는
것이 낯설었는데, 지금은
이 메뉴 덕분에 잘 먹게 되었지요.
깨 드레싱에 우유 대신
두유를 넣으니 더
고소했어요."

조리시간 · 20~30분
재료 · 2~3인분

- ☐ 시금치 1과 1/2줌(75g)
- ☐ 닭안심 4개(또는 닭가슴살, 100g)
- ☐ 방울토마토 6개
- ☐ 올리브유(또는 식용유) 1/2큰술

고기 밑간

- ☐ 소금 약간
- ☐ 후춧가루 약간
- ☐ 올리브유 1/2큰술

깨 드레싱

- ☐ 통깨 3큰술
- ☐ 검은깨 2큰술
- ☐ 우유 2와 1/2큰술
- ☐ 올리고당 1큰술
- ☐ 마요네즈 2큰술
- ☐ 소금 1/4작은술
- ☐ 식초 1작은술

1 시금치는 상한 잎을 떼어내고
칼로 뿌리를 제거한 후 큰 잎은
2등분한다. 흐르는 물에 씻은 후
체에 밭쳐 물기를 뺀다.

2 볼에 닭안심, 고기 밑간 재료를
넣고 버무려 10분간 재운다.

3 믹서에 통깨와 검은깨를 넣고
곱게 간 다음 나머지 깨드레싱
재료를 모두 넣어 한 번 더
곱게 간다.

4 달군 팬에 올리브유를 두르고
닭안심을 넣어 중약 불에서 앞뒤로
각각 2분씩 노릇하게 굽는다.

5 방울토마토는 흐르는 물에 씻어
4등분하고, 닭안심은
한입 크기로 썬다.

6 그릇에 시금치를 담고 닭안심,
방울토마토를 올린 후 먹기
직전에 깨 드레싱을 뿌린다.

새우살이 톡톡 씹혀 더욱 맛있는
시금치 새우전

조리시간 · 30~40분
재료 · 13개분

□ 시금치 4줌(200g)
□ 냉동 생새우살 약 13~15마리
　(킹사이즈, 200g)
□ 식용유 2큰술

반죽
□ 달걀 1개
□ 부침가루 5큰술
□ 다진 마늘 1/2큰술
□ 물 2큰술

양념장
□ 다진 청양고추 1개분
□ 고춧가루 1큰술
□ 양조간장 2큰술
□ 물 2큰술
□ 식초 1큰술
□ 설탕 1작은술

1 시금치 데칠 물(8컵) + 소금
　(1작은술)을 끓인다. 시금치는
　상한 잎을 떼어내고 뿌리를
　제거한 후 흐르는 물에 씻어
　체에 밭쳐 물기를 뺀다.

2 ①의 끓는 물에 시금치를 넣어
　중간 불에서 1분간 데친 다음
　찬물에 헹궈 물기를 꼭 짜고
　0.5cm 폭으로 채 썬다.

3 생새우살은 물(4컵)에 15분간
　담가 해동한 후 흐르는 물에 헹군다.
　체에 밭쳐 물기를 빼고 다진다.

4 큰 볼에 반죽 재료와 시금치,
　새우를 넣고 섞는다. 작은 볼에
　양념장 재료를 넣어 섞는다.

5 달군 팬에 식용유를 두르고
　④의 반죽을 1큰술씩 올려
　0.7cm 두께로 펼쳐 중약 불에서
　앞뒤로 각각 2분 30초씩 굽는다.
★식용유가 부족하면 더해가며 굽는다.

일식 느낌이 물씬~ 촉촉한
시금치 데리야키볶음밥

조리시간 · 25~35분
재료 · 2인분

- □ 밥 1과 1/2공기(300g)
- □ 시금치 2줌(100g)
- □ 다진 쇠고기 100g
- □ 다진 마늘 1큰술
- □ 식용유 1큰술

데리야키 소스

- □ 설탕 1큰술
- □ 양조간장 2큰술
- □ 맛술 1큰술
- □ 후춧가루 1/4작은술

1 작은 볼에 데리야키 소스 재료를 넣고 섞는다. 쇠고기는 키친타월로 감싸 핏물을 제거한다.

2 다른 볼에 ①의 데리야키 소스 2큰술, 다진 쇠고기, 다진 마늘을 넣고 버무려 5분간 재운다.

3 시금치는 상한 잎을 떼어내고 칼로 뿌리를 제거한 후 흐르는 물에 씻어 체에 밭쳐 물기를 뺀 다음 0.5cm 폭으로 채 썬다.

4 깊은 팬을 달궈 식용유를 두르고 ②의 다진 쇠고기를 넣어 중간 불에서 1분 30초간 볶는다.

5 밥을 넣고 중간 불에서 1분, 시금치, 남은 데리야키 소스를 넣고 1분 30초간 볶는다.

바로 먹으면 더욱 맛있는

배추겉절이를 곁들인 차돌박이구이

독자의 한마디

"고소한 차돌박이와 새콤
달콤한 배추겉절이가
잘 어울려요. 차돌박이 없이
배추겉절이만 반찬으로
즐겨도 좋아요."

조리시간 · 20~30분
재료 · 2~3인분

□ 쇠고기 차돌박이 300g
□ 배추 잎 3장
　(손바닥 크기, 120g)
□ 오이 1/2개

고기 밑간
□ 청주 3큰술
□ 양조간장 1큰술
□ 매실청(또는 설탕)
　1/2큰술
□ 된장 1작은술(집 된장일
　경우 1/2작은술)
□ 후춧가루 약간

양념
□ 고춧가루 1큰술
□ 설탕 1/2큰술
□ 다진 마늘 1/2큰술
□ 양조간장 1큰술
□ 식초 1/2큰술

1　차돌박이는 2등분한다.

2　볼에 고기 밑간 재료를 넣고 섞은 다음
　차돌박이를 넣어 골고루 버무려 10분간 재운다.

3　오이는 0.5cm 두께로 채 썬다.
　배추 잎은 0.5cm 폭으로 가늘게 채 썬다.

4　큰 볼에 양념 재료를 넣고 오이와 배추 잎을 넣어
　골고루 버무린다.

5　달군 팬에 ②의 차돌박이를 넣고 중간 불에서
　앞뒤로 각각 1분 30초~2분씩 노릇하게 굽는다.

6　그릇에 차돌박이와 ④의 배추겉절이를 담는다.

194

독자의 한마디
"달래 양념장을 넣어 비벼
먹으니 맛은 물론, 건강해지는
느낌까지 드네요. 평소 나물을
잘 먹지 않는 아이들도 양념장에
비벼 먹으니 거부감 없이
잘 먹었어요."

포만감이 커서 다이어트에도 좋은
곤드레밥 + 달래 양념장

1 말린 곤드레는 찬물에 담가 실온에서
6시간 동안 불린다. 중간중간 물을 갈아준다.
찹쌀과 멥쌀은 물에 담가 1시간 이상 불린다.

2 불린 곤드레의 억센 줄기 부분을 골라내고
물기를 꼭 짠다.

3 달군 냄비에 들기름을 두르고
곤드레를 넣어 중간 불에서 1분,
국간장을 넣고 1분간 볶는다.

4 불린 찹쌀과 멥쌀을 넣고
물 1과 3/4컵(350mℓ)을 부어 섞은 뒤
중간 불에서 끓인다. 끓어오르면 뚜껑을 덮고
약한 불로 줄여 10분간 끓인다.
불을 끄고 그대로 10분긴 뜸을 들인다.

5 달래는 1cm 길이로 썰고
나머지 날래 양념징 재료와 잘 섞어
곤드레밥에 곁들인다.

조리시간 · 30~40분
(+ 곤드레 불리기 6시간,
쌀 불리기 1시간)
재료 · 2인분

□ 말린 곤드레 1컵(20g)
  ★ 컵대중량 11쪽
□ 찹쌀 1/2컵
  (80g, 불린 후 120g)
□ 멥쌀 1과 1/2컵
  (250g, 불린 후 약 300g)
□ 들기름 1큰술
□ 국간장 1큰술
□ 물 1과 3/4컵(350mℓ)

달래 양념장
□ 달래 6줄기
  (또는 쪽파 2줄기, 또는
  영양부추, 약 15g)
  ★ 손대중량 11쪽
□ 물 2큰술
□ 양조간장 2큰술
□ 고춧가루 1/2작은술
□ 통깨 1/2작은술
□ 참기름 1작은술

알아두세요
냄비밥용 냄비 고르기
냄비밥을 지을 때는
코팅이 되어 있고
바닥이 두꺼운 냄비를 사용해야
밥이 눌거나 타지 않는다.
또한 밥의 양에 비해
너무 크지 않은 냄비를
고르도록 한다.
압력밥솥에 밥을 할 경우에는
곤드레 나물을 팬에 볶은 후
불린 쌀, 물과 함께 압력밥솥에
넣어 밥을 지으면 된다.

독자의 한마디 ↗
"돼지고기 목살의
기름 부위를 제거해 담백하게
즐겨도 좋답니다.
식어도 맛있어 도시락에
활용해도 좋을 것
같아요."

시래기를 들기름에 볶아 더 구수한
시래기영양밥

1 멥쌀은 물에 담가 1시간 이상 불린다.

2 냄비에 국물 재료를 넣고 센 불에서
끓어오르면 중간 불로 줄여 5분, 다시마를
건져내고 10분간 더 끓인 후 멸치를
건져내고 불을 끈다.
★ 완성된 국물은 2컵(400㎖)이며
부족할 경우 물을 더한다.

3 삶은 시래기는 1cm 폭으로, 돼지고기는
2cm 크기로 썬다. 볼에 시래기, 돼지고기,
다진 마늘, 국간장을 넣고 버무린다.

4 달군 팬에 들기름을 두르고
①의 멥쌀을 넣고 중간 불에서 1분,
③을 넣고 2분간 볶는다.

5 압력밥솥에 ④와 국물 2컵(400㎖)을 넣고
뚜껑을 넣어 센 불에서 끓여 추기 흔들리고
소리가 나면 약한 불로 줄여 8분간 익힌 후
불을 끈다.

6 증기 배출구가 내려가고 더 이상 김이 나오지
않으면 뚜껑을 열어 골고루 섞은 후
다시 뚜껑을 덮어 그대로 5분간 뜸을 들인다.

조리시간 · 40~50분
(+ 쌀 불리기 1시간)
재료 · 2~3인분

☐ 멥쌀 1과 1/2컵
 (250g, 불린 후 약 300g)
☐ 삶은 시래기 150g
☐ 돼지고기 목살
 (또는 앞다릿살) 150g
☐ 다진 마늘 1/2큰술
☐ 국간장 2큰술
☐ 들기름 2큰술

국물
☐ 물 3컵(600㎖)
☐ 국물용 멸치 15마리
☐ 다시마 5 × 5cm 2장

알아두세요
말린 시래기 삶고 손질하기
시래기(30cm, 15~16줄기)는
흐르는 물에 헹군 후
미지근한 물(6컵)에 담가
6시간 동안 불린다. 냄비에
불린 시래기와 물(12컵)을 담아
센 불에서 끓어오르면 뚜껑을
덮고 30~40분간 삶은 후 불을
끈다. 1시간 동안 그대로 둔 다음
맑은 물이 나올 때까지 찬물에
2~3회 헹군다. 시래기 표면의
섬유질을 벗겨낸다.

전기밥솥 이용하기
과정 ⑤에서 압력밥솥과
같은 방법으로 재료를 모두
넣은 후 취사버튼을 누른다.
완성되면 뚜껑을 열고 골고루
섞는다.

마파두부를 변형한 일품요리
마파배추

독자의 한마디
"배추를 색다르게
즐길 수 있는 메뉴예요. 배추
줄기 부분은 두껍기 때문에 한 번
데친 후 볶는 것이 좋아요. 소스
를 면에 곁들여 비벼 먹어도
맛있어요."

조리시간 · 25~35분
재료 · 2~3인분

- □ 알배기배추 잎 7~8장
  (손바닥 크기, 210g)
- □ 다진 돼지고기 150g
- □ 양파 1/4개
- □ 홍고추 1개
- □ 풋고추(또는 청양고추) 1개
- □ 식용유 1큰술
- □ 다진 마늘 2작은술
- □ 청주 1큰술
- □ 녹말물(감자전분 1과
  1/2큰술 + 1과 1/2큰술)
- □ 소금 약간
- □ 청주 1큰술

마파 소스

- □ 고춧가루 2큰술
- □ 맛술 1큰술
- □ 양조간장 2큰술
- □ 소금 1/2 작은술
- □ 설탕 1작은술
- □ 된장 2작은술
  (집 된장일 경우 1작은술)
- □ 고추장 2작은술
- □ 물 2컵(400㎖)

1 양파, 홍고추, 풋고추는 사방 0.5cm 크기로 썬다.
볼에 마파 소스 재료를 넣어 섞는다.

2 알배기배추는 3cm 폭으로 썬 후 줄기와 잎 부분을 따로 둔다.

3 달군 팬에 식용유를 두르고 다진 마늘을 넣어 중약 불에서
30초, 양파를 넣고 중간 불로 1분간 볶는다.

4 돼지고기를 넣고 중간 불에서 1분, 청주를 넣고 1분간 볶는다.

5 배추 줄기, 소금을 넣어 중간 불에서 1분, 잎을 넣고
2분간 더 볶는다.

6 ①의 소스를 넣고 5분간 끓인다. 홍고추, 풋고추를 넣고 1분,
녹말물(넣기 전에 한 번 더 섞을 것)을 넣고 저어가며 30초간
더 끓인다.

겨울철에 강추하는 국물 요리
순두부 굴전골

독자의 한마디
"맛이 진하지 않은
다시마 국물을 활용해
굴 고유의 향이 잘 살아있어요.
청양고추를 넣으면
더욱 시원하고 얼큰하게
즐길 수 있답니다."

조리시간 · 25~35분
재료 · 2~3인분

☐ 순두부 1봉(350g)
☐ 굴 1컵(200g)
☐ 미나리 1줌(70g)
☐ 무 지름 10cm,
   두께 2cm(200g)
☐ 대파 15cm
☐ 홍고추 1개
☐ 새우젓(건더기 + 국물) 1큰술
☐ 소금 1/2작은술
   (새우젓의 염도에 따라 가감)

국물

☐ 물 5컵(1ℓ)
☐ 다시마 5×5cm 2장

1 굴은 체에 받쳐 물(3컵) + 소금(1큰술)이 담긴 볼에 넣고
   살살 흔들어 씻은 후 그대로 물기를 뺀다.

2 미나리는 잎을 떼어내고 줄기만 5cm 길이로 썬다.
   무는 3×4cm 크기, 0.5cm 두께로 나박 썰고, 대파와 홍고추는 어슷 썬다.

3 냄비에 국물 재료와 무를 넣고 센 불에서 끓어오르면 중약 불로 줄여 5분,
   다시마를 건져내고 5분간 끓인다.

4 순두부를 넣어 숟가락으로 먹기 좋은 크기로 가른다.
   센 불에서 5분, 굴을 넣고 1분간 끓인다.

5 미나리, 대파, 홍고추를 넣은 후 새우젓과 소금으로 간을 하고
   센 불에서 1분간 끓인다.

200

조개국물로 깔끔하게 끓인

맑은 배추전골

1 모시조개와 바지락은 잠길 만큼의 물을 담고 비벼가며 씻는다. 냄비에 조개국물 재료를 모두 넣고 센 불에서 끓어오르면 약한 불로 줄인 후 10분간 끓인다. 체에 걸러 국물을 만들고 모시조개와 바지락은 건져둔다. ★ 완성된 국물은 4와 1/2컵(900㎖)이며 부족할 경우 물을 더한다.

2 배추는 길이로 2등분한 후 5cm 폭으로 썰고, 쪽파는 5cm 길이로 썬다.

3 팽이버섯은 밑동을 제거한다. 홍고추는 어슷 썰고, 마늘은 얇게 편 썬다.

4 전골 냄비에 배추, 쪽파, 팽이버섯, 홍고추, 마늘을 사진처럼 담는다. 냄비에 조개국물을 붓고 새우젓과 국간장을 넣는다.

5 센 불에서 끓어오르면 중간 불로 줄여 국물을 끼얹어가며 3분간 끓인다.

6 모시조개와 바지락을 넣고 1분간 더 끓인다. ★ 모시조개, 바지락은 살만 발라내어 넣어도 좋다.

조리시간 · 35~45분
재료 · 3~4인분

- □ 배추 잎 10장
  (손바닥 크기, 400g)
- □ 쪽파 1줌(50g)
  ★ 손대중량 11쪽
- □ 팽이버섯 1줌(50g)
  ★ 손대중량 11쪽
- □ 홍고추 1개(생략 가능)
- □ 마늘 3쪽
- □ 새우젓(건더기 + 국물) 1큰술
- □ 국간장 1/2큰술
- □ 소금 약간

조개국물
- □ 물 5컵(1ℓ)
- □ 해감 모시조개 1봉(200g)
- □ 해감 바지락 1봉(200g)
- □ 다시마 5×5cm 4장
- □ 청양고추 2개
  (기호에 따라 가감)

알아두세요
조개 해감법
물(4컵) + 소금(1작은술)에 조개를 넣고 검은색 쟁반 또는 검은색 비닐로 덮어 30분간 두어 해감시킨 후 요리에 사용한다.

제철 무와 굴로 맛을 낸 담백한 국

굴 뭇국

독자의 한마디
"굴을 듬뿍 넣어
향이 진하고, 무로 국물을
만들어 시원한 맛이 살아있는
국이에요. 찬바람이 부는
겨울에 즐기기 딱 좋은
국이랍니다."

조리시간 · 35~45분
재료 · 2~3인분

□ 무 지름 10cm, 두께 1cm
   (100g)
□ 굴 3/4컵(150g)
□ 마늘 2쪽
□ 홍고추 1개(생략 가능)
□ 대파(흰 부분) 10cm
□ 국간장 1큰술
□ 소금 약간

국물
□ 물 4컵(800㎖)
□ 국물용 멸치 10마리
□ 다시마 5×5cm 2장

1 무는 6등분한 후
  0.5cm 두께로 썬다.

2 마늘은 얇게 편 썰고,
  홍고추와 대파는 어슷 썬다.

3 굴은 체에 밭쳐 물(3컵) +
  소금(1큰술)이 담긴 볼에
  넣고 살살 흔들어 씻은 후
  그대로 물기를 뺀다.

4 냄비에 국물 재료와 무를 넣고
  센 불에서 끓어오르면
  중약 불로 줄여 5분간 끓인다.

5 다시마를 건져내고
  중약 불에서 10분간 끓인 후
  멸치를 건진다.

6 굴, 마늘, 홍고추, 대파,
  국간장, 소금을 넣고
  센 불에서 끓어오르면
  중간 불로 줄여 2분간 끓인다.
  ★ 끓이는 중간중간
  거품을 걷어낸다.

굴을 넣어 시원한 맛을 살린

굴 미역국

독자의 한마디
"굴 하나만으로
감칠맛이 좋은 미역국이
완성되네요. 감기 기운이
있을 때 먹으면 감기가
뚝! 하고 떨어질 것
같아요."

조리시간 · 45~55분
재료 · 2인분

□ 마른 미역 2줌
　(10g, 불린 후 100g)
□ 굴 3/4컵(150g)
□ 다진 마늘 1/2큰술
□ 국간장 1큰술 + 1과 1/2작은술
□ 들기름 1큰술
□ 물 1컵(200㎖) +
　3과 1/2컵(700㎖)
□ 소금 1/2작은술
□ 후춧가루 약간

1 볼에 마른 미역, 물(3컵)을
담고 15분간 불린 후 거품이
나오지 않을 때까지 깨끗이
헹군다. 체에 밭쳐 물기를 뺀 후
손으로 물기를 꼭 짠다.

2 굴은 체에 밭쳐 물(3컵) +
소금(1큰술)이 담긴 볼에 넣고
살살 흔들어 씻은 후 그대로
물기를 뺀다.

3 미역을 2~3cm 길이로 썬다.

4 볼에 미역, 다진 마늘,
국간장 1큰술을 넣고 무친다.

5 달군 냄비에 들기름을 두르고
미역을 넣어 중간 불에서 3분간
볶은 후 물 1컵(200㎖)을 붓고
2분간 저어가며 끓인다.

6 물 3과 1/2컵(700㎖)을
더 붓고 센 불에서 끓으면
약한 불로 줄여 10분간 끓인다.

7 굴을 넣고 센 불에서
끓어오르면 중간 불에서
2분간 끓인다. 소금, 국간장
1과 1/2작은술, 후춧가루를
넣고 1분간 더 끓인다.

파래 특유의 비린내가 나지 않는
파래 양파 초무침

독자의 한마디
"파래의 비린내가 나지
않아 좋았어요. 레시피대로
만들어야 비린내는 잡으면서
덩어리로 뭉치지 않게
만들 수 있답니다."

조리시간 · 20~30분
재료 · 2~3인분
☐ 파래 2/3컵(80g)
☐ 양파 1/4개

절임 양념
☐ 설탕 1작은술
☐ 식초 1작은술
☐ 소금 약간

양념
☐ 다진 파 1/2큰술
☐ 통깨(또는 검은깨) 1작은술
☐ 설탕 1/2작은술
☐ 소금 1/3작은술
☐ 식초 2작은술
☐ 참기름 2작은술

1 양파는 최대한 가늘게
채 썰어 절임 양념 재료와
함께 볼에 담아 버무려
10분간 절인다.

2 볼에 파래, 소금(1작은술)을
넣고 조물조물 주무른다.
파래가 잠길 만큼의 물을
넣고 헹군 후 체에 밭친다.

3 파래가 담긴 체를
물이 담긴 큰 볼에 넣고
체를 살살 흔들어
이물질을 제거한다.
3번 정도 물을 교체하면서
파래를 헹군다.

4 그대로 물기를 뺀 다음
손으로 가볍게 짠 후
가위를 이용해 1~2cm
길이로 짧게 자른다.

5 볼에 양념 재료를 넣어
섞은 후 양파, 파래를 넣고
살살 털어 풀면서 무친다.

부드러운 무가 맛있는 건강 반찬
무 들깨찜

조리시간 · 20~30분
재료 · 2~3인분

- ☐ 무 지름 10cm, 두께 3cm
  (300g)
- ☐ 소금 1/2큰술
- ☐ 들기름 1큰술 + 1작은술
- ☐ 다진 마늘 1작은술

양념
- ☐ 들깻가루 3큰술
- ☐ 설탕 1/3작은술
- ☐ 국간장 1/2작은술
- ☐ 물 3/4컵(150㎖)

독자의 한마디
"짭조름한 무와
구수한 들깻가루가
입맛을 자극하네요,
비빔밥으로 즐겨도
좋을 것 같아요."

1 무는 0.5cm 두께로 채 썬다.

2 볼에 무와 소금을 넣고
버무려 10분간 절인 후
체에 밭쳐 물기를 뺀다.
다른 볼에 양념 재료를 넣고
섞는다.

3 깊은 팬을 달군 후
들기름 1큰술을 두르고
무와 다진 마늘을 넣어
중약 불에서 2분간 볶는다.

4 양념을 넣고 센 불로 올려
끓어오르면 약한 불로 줄여
뚜껑을 덮어 3분,
뚜껑을 열고 1분간 저어가며
끓인다.

5 불을 끄고 들기름
1작은술을 넣고 섞는다.

이 계절에 놓치지 말아야할 별미
무생채 굴무침

독자의 한마디
"굴을 살짝 데쳐
비린 맛을 잡았네요.
무는 일정한 크기로 썰어야
양념이 골고루 배어들고,
먹기 직전 버무려야 물이
생기지 않는답니다."

조리시간 · 20~30분
재료 · 2~3인분

□ 무 지름 10cm, 두께 2cm
   (200g)
□ 굴 3/4컵(150g)
□ 소금 1작은술
□ 통깨 약간

양념
□ 고춧가루 1큰술
□ 설탕 1작은술
□ 소금 1/2작은술
□ 다진 마늘 1작은술
□ 다진 파 1작은술

1 굴 데칠 물(5컵)을 끓인다.
무는 0.3cm 두께로 채 썬다.

2 볼에 무, 소금을 넣고 버무려
5분간 절인다. 체에 밭쳐
흐르는 물에 헹궈 물기를
꼭 짠다.

3 굴은 체에 밭쳐 물(3컵) +
소금(1큰술)이 담긴 볼에
넣고 살살 흔들어 씻은 후
그대로 물기를 뺀다.

4 ①의 끓는 물에 굴을 넣어
센 불에서 20초간
데친 후 체에 밭쳐 찬물에
헹궈 그대로 물기를 뺀다.
★ 굴을 살짝 데치면 굴에서
물이 생기는 것을 막을 수
있다.

5 큰 볼에 무와 양념 재료를
넣고 골고루 버무린 후
굴을 넣어 다시 한번 살살
버무린다. 그릇에 담고
통깨를 뿌린다.
★ 먹기 직전에 버무려야
물이 생기지 않는다.

중식 일품요리로 새롭게 변신한 굴요리

굴 대파볶음

독자의 한마디

"양념장에 찍어 생으로
먹거나 전으로만 먹던 굴을
볶아 먹는 것이 특이했어요.
늘 집에 있는 대파를 듬뿍 넣어
함께 볶으니 중국 요리 같은
느낌도 들어요."

조리시간 · 20~30분
재료 · 2인분

- ☐ 굴 1과 1/2컵(300g)
- ☐ 대파(흰 부분) 40cm
- ☐ 마늘 2쪽
- ☐ 청양고추(또는 마른 고추) 2개
- ☐ 식용유 1큰술
- ☐ 참기름 1큰술

양념

- ☐ 설탕 1/2큰술
- ☐ 감자전분 1/2큰술
- ☐ 물 2큰술
- ☐ 청주 1큰술
- ☐ 양조간장 1큰술
- ☐ 후춧가루 약간

1 대파는 3cm 길이로 썰고,
마늘은 편 썬다. 청양고추는
송송 썬다. 볼에 양념 재료를
넣어 섞는다.

2 굴은 체에 받쳐 물(3컵) +
소금(1큰술)이 담긴 볼에
넣고 살살 흔들어 씻은 후
그대로 물기를 뺀다.

3 달군 팬에 식용유를 두르고
대파를 넣어 중간 불에서
1분, 마늘과 청양고추를
넣고 1분간 더 볶는다.

4 굴을 넣고 센 불로 올려
2분간 볶는다.

5 양념을 넣고 센 불에서
30초간 볶은 후 불을 끄고
참기름을 넣어 섞는다.

향긋한 깻잎으로 꼬막의 비린 맛을 잡아준

꼬막 깻잎무침

독자의 한마디
"꼬막과 깻잎, 양파가
정말 잘 어울려요.
밥에 올려 덮밥으로
먹어도 맛있어요."

조리시간 · 25~35분
재료 · 3인분

□ 꼬막 약 50개(500g)
□ 깻잎 5장
□ 양파 1/4개

양념
□ 고추장 1큰술
□ 설탕 1작은술
□ 다진 마늘 1작은술
□ 참기름 2작은술
□ 후춧가루 약간

1 깻잎은 길이로 2등분한 후
2cm 폭으로 썬다.
양파는 가늘게 채 썰어
찬물에 10분간 담가
매운맛을 뺀 후 체에 밭쳐
물기를 뺀다.

2 볼에 꼬막, 잠길 만큼의 물을
담고 맑은 물이 나올 때까지
손으로 비벼가며 3~4회
씻는다.

3 냄비에 꼬막, 청주(1큰술),
잠길 만큼의 물을 담고
센 불에서 끓인다.
입이 벌어지면서
끓어오르면 한쪽 방향으로
저어가며 30초간 삶는다.

4 체에 밭쳐 한 김 식힌 후
꼬막 살만 발라낸다.
입이 벌어지지 않은 꼬막은
입의 반대편에 숟가락을
일자로 놓은 후 90°로 돌려
벌린다.
★ 꼬막 손질하기 13쪽 참고

5 큰 볼에 양념 재료를 넣고
섞은 후 꼬막, 깻잎, 양파를
넣어 무친다.

청양고추를 넣어 얼큰한 맛을 더한
꼬막탕

독자의 한마디
"꼬막으로 국물을
만든 것은 처음이었는데요,
얼큰하고 맛있었어요.
매운맛이 싫으시면
청양 고추는 조절해서
드세요."

조리시간 · 25~35분
재료 · 2~3인분

□ 꼬막 약 50개(500g)
□ 무 지름 10cm, 두께 2cm
  (200g)
□ 청양고추·홍고추 각 1개
□ 다진 생강 1/2큰술
□ 물 5컵(1ℓ)
□ 다진 마늘 1큰술
□ 국간장 1/2큰술
□ 소금 1/4작은술

양념장
□ 생수 1큰술
□ 양조간장 1큰술
□ 식초 1/2큰술
□ 연와사비 1/3작은술

1 볼에 꼬막, 잠길 만큼의 물을
담고 맑은 물이 나올 때까지
손으로 비벼가며 3~4회
씻는다.

2 냄비에 꼬막, 다진 생강,
잠길 만큼의 물을 넣고
센 불에서 입이 벌어지면서
끓어오르면 한쪽 방향으로
저어가며 30초간 삶는다.
체에 밭쳐 흐르는 물에 씻는다.

3 무는 3×3cm 크기,
0.5cm 두께로 썰고, 청양고추,
홍고추는 송송 썬다. 작은 볼에
양념장 재료를 넣고 섞는다.

4 냄비에 물 5컵(1ℓ)과 무를
넣고 센 불에서 끓어오르면
중간 불로 5분간 끓인다.

5 꼬막, 다진 마늘, 국간장을
넣고 중간 불에서 2분,
청양고추, 홍고추, 소금을
넣고 1분간 끓인다. 양념장을
곁들인다.

독자의 한마디
"향긋한 셀러리 향이
입맛을 확 돋워주네요.
빵과 함께 와인 안주로
즐기기 딱 좋아요."

영양 만점 간식, 근사한 안주
홍합찜 + 치즈 소스

1 홍합의 수염은 손으로 잡아당겨 떼어낸다.
껍데기끼리 비비거나 조리용 솔로 닦아
겉에 붙은 불순물을 제거한다. 흐르는 물에
깨끗이 씻은 후 체에 밭쳐 물기를 뺀다.
★ 홍합 손질하기 15쪽 참고

2 찜기의 1/2지점까지 물을 붓고 찜판을 올려
뚜껑을 덮고 센 불에서 끓인다.
셀러리는 섬유질을 제거하고 4cm 길이로
썬 다음 가늘게 채 썬다.

3 홍고추는 길이로 2등분해 씨를 제거하고
2등분한 다음 가늘게 채 썬다.
마늘은 얇게 편 썬다.

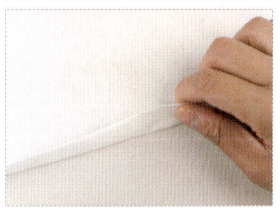

4 A : 종이 포일을 약 1m 길이로 잘라 반으로 접는다.
B : 한쪽 가장자리를 2단으로 접는다.

5 C : 종이 포일째 찜판에 올린 다음 종이 포일
한 장을 들어 속에 홍합, 셀러리, 홍고추, 마늘,
후춧가루를 넣고 올리브유를 골고루 뿌린다.

6 D : 종이 포일의 나머지 가장자리도 2단으로 접는다.
E : 양쪽을 비틀어 고정시켜 김이 오른 찜판에 올린다.
뚜껑을 덮어 중간 불로 줄여 약 15~20분간 찐다.
내열 용기에 치즈 소스 재료를 담고 랩을 씌운 다음
전자레인지(700W)에서 30~50초간 익힌 후
골고루 섞어 홍합찜에 곁들인다.

조리시간 · 45~55분
재료 · 2~3인분

□ 홍합 약 25~30개
　(또는 해감 조개, 500g)
□ 셀러리 10cm
　(또는 대파 흰 부분, 20g)
□ 홍고추 1개
□ 마늘 3쪽
□ 후춧가루 1/4작은술
□ 올리브유 1큰술

치즈 소스
□ 슬라이스 체다치즈 2장
□ 우유 3큰술
□ 후춧가루 1/4작은술

알아두세요
종이 포일 접기

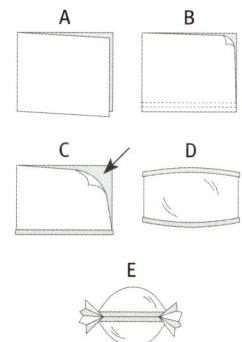

다른 재료로 대체하기
홍합 대신 동량의 해감된 조개를
사용해도 좋다. 해감되지
않은 조개라면 볼에 물(4컵)
+소금(1작은술)과 함께 담고
검은색 쟁반 또는 검은색 비닐로
덮어 30분간 두어 해감시킨 후
요리에 사용한다.

독자의 한마디
"제철 홍합을 넉넉히 넣고
만들어 저렴하면서 푸짐하게
즐길 수 있었어요. 홍합
국물을 넣고 끓여 감칠맛도
일품이에요."

홍합을 넣어 감칠맛이 좋은 푸짐한 떡볶이
홍합 떡찜

1 큰 볼에 양념 재료를 넣고 섞는다.

2 가래떡은 4cm 길이로 썰어 2등분한 후
①의 볼에 넣어 버무린다.
★ 떡이 딱딱할 경우 끓는 물(3컵)에서
1분간 데친 후 양념에 버무린다.

볶음용

데침용

3 대파는 어슷 썬다.
마늘(4쪽)은 모두 0.5cm 두께로
편 썬 다음 볶음용과 홍합 데침용으로
반씩 나누어 둔다.

4 홍합은 손으로 수염을 잡아당겨 떼어낸다.
껍질끼리 비비거나 조리용 솔로 닦아
겉에 붙은 불순물을 제거한다. 흐르는 물에
깨끗이 씻은 후 체에 밭쳐 물기를 뺀다.

5 깊은 냄비에 홍합, 홍합 데침용 재료를 넣고
뚜껑을 덮고 센 불에서 2분간 끓여
뚜껑에 김이 차오르면 약한 불로 줄여 3분 뒤
홍합만 건져내고 데친 물은 완전히 식힌다.
홍합 데친 물(1과 3/4컵)에 감자전분
1큰술을 넣어 섞는다.

6 깊은 팬을 달궈 식용유를 두르고 마늘을 넣어
중간 불에서 30초, 가래떡을 넣고 1분 30초,
홍합을 넣고 1분간 볶는다. 센 불로 올려
⑤의 녹말물(넣기 전에 한 번 더 섞을 것),
대파를 넣고 끓어오르면 2분간 볶는다.

조리시간 · 35~45분
재료 · 2인분

- [ ] 홍합 25~30개(500g)
- [ ] 가래떡 15cm 3줄
- [ ] 대파 20cm
- [ ] 마늘 2쪽
- [ ] 녹말물(감자전분 1큰술 +
  홍합 데친 물 1과 3/4컵)
- [ ] 식용유 1과 1/2큰술

홍합 데침용
- [ ] 물 1컵(200㎖)
- [ ] 마늘 2쪽
- [ ] 청주 2큰술

양념
- [ ] 다진 청양고추 1개분
- [ ] 설탕 2큰술
- [ ] 고춧가루 2큰술
- [ ] 다진 마늘 1큰술
- [ ] 다진 파 1큰술
- [ ] 양조간장 1큰술
- [ ] 고추장 1큰술
- [ ] 참기름 1작은술

알아두세요
남은 홍합 보관하기
냄비 또는 깊이가 있는 팬에
손질한 홍합을 넣고 바닥에
깔릴 정도의 물을 붓는다.
뚜껑을 덮어 중간 불에서
3~4분간 껍데기가 열리기
시작할 정도로 삶는다.
한 김 식힌 후 살만 발라내서
금속 쟁반에 펼쳐 급속 냉동해
지퍼백에 옮겨 담아 냉동
보관한다. 옅은 소금물에 담가
해동해 국이나 전을 부칠 때
사용하며, 팬에 남은 국물은
국물 요리에 활용한다.

손질이 쉬운 황태채로 만드는 입맛 당기는 반찬
황태채볶음(고추장 양념, 간장 양념)

독자의 한마디
"황태구이의 맛은 집에서
내기가 늘 어려웠는데요,
따로 손질이 필요 없는
황태채를 이용해 황태구이와
같은 맛을 낼 수 있는
메뉴라서 좋아요."

조리시간 · 20~30분
재료 · 3~4인분

□ 황태채 3과 1/3컵(100g)
□ 식용유 2큰술

선택 1_고추장 양념
□ 다진 마늘 1큰술
□ 올리고당 3큰술
□ 고추장 4큰술
□ 참기름 1큰술
□ 통깨 약간
□ 후춧가루 약간

선택 2_간장 양념
□ 다진 마늘 1큰술
□ 물 4큰술
□ 양조간장 2큰술
□ 올리고당 3큰술
□ 참기름 1큰술
□ 통깨 약간
□ 후춧가루 약간

1 황태채는 6cm 길이로 자른다.

2 볼에 황태채와 물(1컵)을 넣고 버무려
물에 충분히 적신다.

3 황태채는 물기를 꼭 짠 후 두꺼운 것은 결대로
찢어 2~3등분한다.

4 취향에 따라 양념 재료를 선택해 큰 볼에 섞는다.

5 ④의 볼에 손질한 황태채를 넣고 버무린다.

6 달군 팬에 식용유를 두르고 ⑤를 넣어
고추장 양념은 약한 불, 간장 양념은 중간 불에서 5분간 볶는다.

구수하고 진한 감자의 맛이 더해진
황태 감잣국

독자의 한마디
"보통 황탯국을 끓일 때는 황태만 이용하는데, 감자를 넣었더니 국물 맛이 한층 업그레이드 되었어요! 황태에 밑간을 해 재웠다가 볶은 것이 비결이죠."

조리시간 · 30~40분
재료 · 2인분

□ 황태채 1과 2/3컵(50g)
□ 감자 1/2개(100g)
□ 대파(흰 부분) 10cm
□ 소금 2작은술

황태 밑간
□ 들기름 1큰술
□ 다진 마늘 1작은술

국물
□ 물 4와 1/2컵(900㎖)
□ 다시마 5×5cm 2장

1 냄비에 국물 재료를 넣고 센 불에서 끓어오르면 중약 불로 줄인다.
5분간 끓인 후 다시마를 건져낸다.
★ 완성된 국물은 4컵(800㎖)이며 부족할 경우 물을 더한다.

2 감자는 열십(+)자로 4등분한 후 0.5cm 두께로 썬다.
대파는 어슷 썬다.

3 볼에 황태채와 물(1컵)을 붓고 버무려 물에 충분히 적신 후 길이대로 찢는다.

4 볼에 황태채와 밑간 재료를 넣어 무친다.

5 중약 불로 달군 냄비에 황태채를 넣고 3분간 볶는다.

6 ①의 국물을 붓고 중간 불에서 끓어오르면 중약 불로 줄여 감자를 넣고 7분,
대파와 소금을 넣고 3분간 끓인다.

216

독자의 한마디
"식감이 정말 좋은
명품 불고기 맛이었어요. 어른들
오셨을 때나 평소 반찬으로도
손색이 없을 것 같아요. 고기
안 드시는 분도 한번 드시면
반할 맛입니다."

부드럽게 즐기는 이색 불고기
황태 버섯불고기

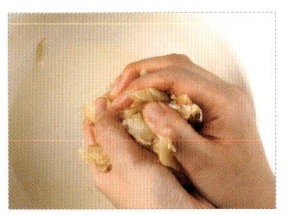

1 볼에 황태채와 물(1컵)을 붓고 버무려
물에 충분히 적신다. 6cm 길이로 찢은 후
물기를 꼭 짠다.

2 볼에 양념 재료를 넣고 잘 섞은 후
황태채를 넣어 5분간 재운다.

3 느타리버섯은 가닥가닥 찢는다.
양파는 굵게 채 썰고,
당근은 1×4cm 크기, 0.5cm 두께로 얇게 썬다.
풋고추, 홍고추는 0.5cm 폭으로 어슷 썬다.

4 달군 팬에 식용유를 두르고 황태채를 넣어
중간 불에서 1분간 볶는다.

5 느타리버섯, 양파, 당근을 넣고
중간 불에서 1분, 풋고추·홍고추를 넣고
30초간 볶는다. 불을 끄고
참기름과 통깨를 넣고 버무린다.

조리시간 · 20~30분
재료 · 2~3인분

- □ 황태채 2컵(60g)
- □ 느타리버섯 1과 1/2줌(75g)
  - ★ 손대중량 11쪽
- □ 양파 1/4개
- □ 당근 1/10개
- □ 풋고추 1개
- □ 홍고추 1개
- □ 식용유 1큰술
- □ 참기름 1작은술
- □ 통깨 1/2작은술

양념
- □ 물 5큰술
- □ 맛술 1큰술
- □ 양조간장 2큰술
- □ 올리고당 1큰술
- □ 다진 파 1/2작은술
- □ 다진 마늘 1작은술
- □ 후춧가루 약간

누구나 쉽게 만드는 간단한 면 요리
황태채 쫄면

1 볼에 황태채와 물 1/4컵(50mℓ)을 붓고
물이 다 흡수될 때까지 불린다.
황태채 밑간 재료를 넣어 섞은 후 5분간 재운다.
★ 가늘게 손질된 황태채가 아니라면
물에 불려 손으로 가늘게 찢은 후 밑간한다.

2 쫄면 삶을 물(8컵)을 끓인다. 어린잎 채소는
깨끗이 씻어 체에 밭쳐 물기를 없애고,
깻잎은 돌돌 말아 1cm 폭으로 썬다.

3 볼에 양념 재료를 넣고 섞는다.
양념 3큰술을 덜어 ①의 볼에 넣어 버무린다.

4 ②의 끓는 물에 쫄면을 넣는다.
센 불에서 끓어오르면 찬물(1컵)을 넣고
2분 30초~3분간 삶는다.

5 삶은 쫄면은 체에 밭쳐 찬물에 헹군 후
물기를 없앤다. 가위로 먹기 좋게 자른다.

6 쫄면에 나머지 양념을 넣어 무친 후
그릇에 담는다. 황태채와 어린잎 채소,
깻잎을 올린다.

조리시간 · 25~35분
재료 · 2인분

- □ 황태채 2컵(60g)
- □ 쫄면 2줌(300g)
  - ★ 손대중량 11쪽
- □ 어린잎 채소 2와 1/2줌
  (약 50g)
  - ★ 손대중량 11쪽
- □ 깻잎 5장
- □ 물 1/4컵(50mℓ)

황태채 밑간
- □ 설탕 1/2작은술
- □ 식초 2작은술

양념
- □ 설탕 1과 1/4큰술
- □ 고춧가루 1/2큰술
- □ 다진 마늘 1/2큰술
- □ 식초 4와 1/3큰술
- □ 맛술 1/2큰술
- □ 양조간장 2/3큰술
- □ 올리고당 1과 2/3큰술
- □ 고추장 4와 1/2큰술
- □ 참기름 1큰술

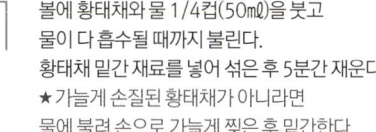

220

독자의 한마디
"양념이 달콤하고 짭조름해
생선을 싫어하는 아이들도 잘
먹을 수 있어요. 남편 안주로도
그만이에요. 송송 썬 홍고추를
올려 매콤한 맛을 더해도
좋을 것 같아요."

바싹 구워 비린맛을 잡은
코다리 간장구이

1 코다리에 청주를 뿌려 실온에서 2시간
해동한다. 가위로 지느러미와 꼬리를 자르고
머리를 제거한 후 4cm 길이로 썬다.

2 키친타월로 감싸 물기를 완전히 제거하고
밑간 재료와 버무려 10분간 재운다.
작은 볼에 양념 재료를 넣고 섞는다.

3 위생팩에 코다리, 감자전분을 넣은 후
흔들어 골고루 묻힌다.

4 깊은 팬을 달궈 식용유를 붓고 30초간
끓인 후 코다리를 넣어 중간 불에서
뒤집어가며 10분간 튀기듯 굽는다.
키친타월에 올려 기름을 뺀다.

5 ④의 팬을 닦고 다시 달궈 양념을 넣고
중간 불에서 가장자리가 끓어오르면
약한 불로 줄여 3분간 끓인다.

6 코다리를 넣고 중간 불로 올려 30초간
뒤집어가며 양념을 묻힌 후 불을 끈다.
참기름을 넣고 버무린 후 쪽파를 올린다.

조리시간 · 30~40분
(+ 코다리 해동하기 2시간)
재료 · 2~3인분

□ 코다리 2마리(약 430g)
□ 청주 2큰술
□ 감자전분 3큰술
□ 식용유 1/4컵(50ml)
□ 참기름 1작은술
□ 송송 썬 쪽파 2줄기분
　(생략 가능)

생선 밑간
□ 소금 1/2작은술
□ 다진 생강 1/2작은술
□ 후춧가루 약간

양념
□ 설탕 2큰술
□ 물 2큰술
□ 청주 2큰술
□ 양조간장 2큰술
□ 다진 마늘 1작은술

알아두세요
코다리 구입 & 보관하기
코다리는 내장을 제거한 명태를
반건조한 것이다. 백화점이나
대형마트의 수산물코너에서
구입이 가능하다.
남은 코다리는 한 마리씩 랩으로
감싸 지퍼백에 담아 냉동실에
넣어두면 한 달간 보관이
가능하다. 비린내 제거를 위해
코다리 한 마리당 청주를
1큰술씩 뿌려 실온에서 해동해
요리에 사용한다.

독자의 한마디
"추운 날 뜨끈한 국물이
생각날 때 딱 좋은 찌개에요.
대구 살이 부드럽고
비린내도 적어 찌개로 끓이니
참 맛있네요."

남편이 특히 좋아하는 얼큰한 국물 맛

대구찌개

1 무는 열십(+)자로 4등분한 후 0.5cm 두께로 썬다. 애호박은 길이로 2등분한 후 0.5cm 두께로 썰고 양파는 0.5cm 두께로 채 썬다. 대파와 홍고추, 풋고추는 어슷 썬다.

2 대구의 지느러미는 가위로 자른다. 머리와 내장을 제거하고 5cm 두께로 토막낸다. 뼈 사이에 내장이나 피를 꼬치로 긁어 제거하고 물에 깨끗이 씻는다.

3 냄비에 국물 재료를 넣고 센 불에서 끓어오르면 중약 불로 줄이고 5분간 끓인 후 다시마를 건진다. 5분간 더 끓인 후 멸치를 건져낸다.
★ 국물을 끓이면서 생기는 거품을 건져내야 국물이 깔끔하다.

4 양념을 넣어 풀고 애호박, 양파를 넣고 센 불에서 끓인다.

5 끓어오르면 중간 불로 줄여 대구와 청주를 넣고 5분간 끓인다.

6 대파, 홍고추, 풋고추를 넣고 소금을 넣고 중간 불에서 1분간 더 끓인다.

조리시간 · 30~40분
재료 · 2~3인분

- 대구 1마리(작은 것, 700g)
- 애호박 1/3개(90g)
- 양파 1/4개
- 대파(흰 부분) 15cm
- 홍고추 1개
- 풋고추 1개
- 청주 2큰술
- 소금 1작은술

국물

- 물 5컵(1ℓ)
- 국물용 멸치 30마리
- 다시마 5×5cm 2장
- 무 지름 10cm, 두께 1cm (100g)

양념

- 고춧가루 2큰술
- 다진 마늘 1큰술
- 맛술 1큰술
- 다진 생강 1작은술
- 멸치액젓 (또는 까나리액젓) 2작은술
- 참기름 1작은술
- 후춧가루 약간

알아두세요
대구 고르기 & 보관하기
껍질에서 광택이 나고 비늘이 단단히 붙어있는 것이 좋다. 눈은 튀어나오고 맑으며 아가미가 붉은 것을 고른다. 손으로 만져봤을 때 끈적끈적한 흰 액체가 묻어나는 것이 좋다. 깨끗이 씻어 내장 손질 후 물기를 제거하고 알맞은 크기로 잘라 소량 포장해 냉장실이나 냉동실에 보관한다. 냉장 보관한 것은 하루 내에 먹는다.

독자의 한마디

"담백한 가자미 살과
달콤한 양파가 잘 어울렸어요.
조림 국물에 밥을 쓱쓱
비벼 먹어도 별미고, 고춧가루를
좀 더 넣어 칼칼하게 즐겨도
좋답니다."

달큰한 양파와 부드러운 가자미의 환상궁합
가자미 양파조림

1 양파는 0.5cm 두께로 링 모양으로 썰고,
대파는 어슷 썬다. 작은 볼에 양념 재료를
넣어 섞는다.

2 가자미의 앞뒤 비늘을 칼등으로 긁어낸다.
머리와 내장을 제거하고 꼬리와 지느러미는
가위로 정리한다.

3 가자미의 앞뒤로 각각 4~5곳에 사선으로
칼집을 낸다.

4 뚜껑이 있는 오목한 팬이나 넓은 냄비에
양파를 깔고 가자미를 올린 후 양념을 붓는다.

5 뚜껑을 덮고 중간 불에서 5분,
약한 불로 줄여 5분간 조린다.

6 뚜껑을 열고 대파를 넣은 후 센 불로 올려
1분 30초, 약한 불로 줄여 가자미에
양념을 끼얹으며 3분간 조린다.

조리시간 · 25~35분
재료 · 2~3인분

☐ 가자미 1마리(큰 것, 350g)
☐ 양파 1과 1/2개
☐ 대파 15cm

양념
☐ 고춧가루 1큰술
☐ 다진 마늘 1큰술
☐ 청주 1큰술
☐ 양조간장 3큰술
☐ 멸치액젓(또는 까나리액젓)
　 1/2큰술
☐ 다진 생강 1/2작은술
☐ 올리고당 1작은술
☐ 소금 약간
☐ 물 1/2컵(100㎖)

알아두세요
가자미의 풍부한 영양
등푸른생선에 비해
지방이 현저히 낮아
양질의 단백질을 요구하는
환자나 노인에게 특히 좋다.
아미노산과 더불어 뇌
신경세포의 에너지 대사과정에
관여하는 비타민 B_1, B_2가
풍부해 두뇌를 많이 사용하는
학생들에게도 좋다.
또한 가자미에는 타우린 성분이
함유되어 있어 혈중
콜레스테롤 저하를 도우며,
껍질에 다량 함유된 콜라겐
성분은 피부의 탄력과 미용에도
도움을 준다.

226

양념이 골고루 배어 더욱 맛있는
가자미감정

1 냄비에 국물 재료를 넣어 센 불에서
바글바글 끓어오르면 중약 불로 줄여
5분간 끓인다.

2 다시마를 건져내고 중약 불에서
10분간 끓인 다음 멸치를 건져낸다.

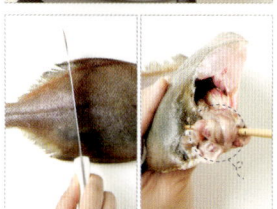

3 가자미는 칼등으로 꼬리에서 머리 방향으로
비늘을 긁어낸다. 머리를 제거하고
젓가락을 이용해 내장을 뺀다.
가위로 꼬리와 지느러미를 잘라낸 후
찬물에 헹궈 물기를 없앤다.

4 3cm 두께로 썬 후 볼에 생선 밑간 재료와 함께
넣고 버무려 10분간 재운다.

5 미나리는 지저분한 잎을 떼어내고
5cm 길이로 썬다.
청양고추, 홍고추는 어슷 썬다.

6 ②의 냄비에 양념 재료를 넣고 섞어
센 불에서 끓어오르면 중간 불로 줄여
3분간 끓인다. ④의 가자미를 넣고 뚜껑을
덮어 15분, 미나리, 청양고추, 홍고추를 넣고
1분간 끓인다.

조리시간 · 40~50분
재료 · 1~2인분

☐ 가자미 1마리(작은 것, 170g)
☐ 미나리 5줄기(10g)
  ★ 손대중량 11쪽
☐ 청양고추 1개
☐ 홍고추 1개(생략 가능)

국물
☐ 물 2와 1/2컵(500㎖)
☐ 국물용 멸치 15마리
☐ 다시마 5×5cm 2장

생선 밑간
☐ 맛술 1큰술
☐ 소금 1작은술
☐ 다진 생강 1/3작은술
☐ 후춧가루 약간

양념
☐ 다진 마늘 1/2큰술
☐ 양조간장 1/2큰술
☐ 고추장 1큰술
☐ 참기름 1/2큰술
☐ 꿀 1/2작은술

알아두세요
'감정'이란?
건더기가 많고 국물이 자작한
형태로 끓인 고추장찌개를
말한다. 보통 게를 이용해 만들며
생선이나 오이 등의 채소를 넣어
만들기도 한다.

Meat

손님 초대상에 주인의 푸짐한 마음을 전할 수 있는 고기 요리가 빠질 수 없지요.
그리고 고기 요리는 우리 남편과 아이에게 힘을 내게 해주는 요리이기도 합니다.
소중한 사람들과 함께할 때 꼭 필요한 보물 같은 고기 요리를 소개합니다.

유명한 맛집 메뉴, 집에서 즐기기
쇠고기 쪽파말이

1 작은 볼에 양념장 재료를 넣어 섞는다.

2 쇠고기는 한 장씩 떼어내 소금, 후춧가루로 밑간을 한다.

3 쇠고기 2~3장을 1cm씩 겹쳐 펼치고 쪽파 3~4줄기를 올린다. 이 때 쪽파의 머리와 끝 부분을 번갈아 놓으면 일정한 두께로 예쁘게 말 수 있다.

4 김밥을 말듯 돌돌 만 후 4cm 길이로 썬다.

5 달군 팬에 식용유를 두르고 ④를 이음매 부분이 바닥에 닿도록 올린다.

6 중간 불에서 2분간 굴려가며 구운 후 ①의 양념장을 곁들인다.

조리시간 · 20~30분
재료 · 2~3인분

- □ 쇠고기(불고기용) 300g
- □ 쪽파 3/4줌(75g)
  - ★ 손대중량 11쪽
- □ 소금 1작은술
- □ 후춧가루 약간
- □ 식용유 2큰술

양념장
- □ 물 2큰술
- □ 식초 1큰술
- □ 양조간장 1큰술
- □ 유자청 1과 1/2큰술

알아두세요
다른 재료로 대체하기
취향에 따라 쪽파뿐만 아니라 실파, 미나리, 참나물, 깻잎을 넣고 말아도 향긋하고 맛있게 즐길 수 있다. 양념장의 유자청을 매실청으로 대체할 경우, 매실청의 단맛에 따라 설탕을 더 넣어도 좋다.

232

독자의 한마디
"구이용 등심을 이용해
국물맛을 내고, 무를 넣어
시원한 맛을 더했네요.
얼큰하고 구수한 장터국밥을
집에서 즐길 수 있어서
좋았습니다."

따라 만든 독자들이 칭찬하고 강추한
장터국밥

1 양파는 0.5cm 두께로 채 썰고
대파는 1×5cm 크기로 채 썬다.
청양고추는 어슷 썰고, 무는 4×2cm 크기,
0.5cm 두께로 썬다.

2 데친 얼갈이배추는 흐르는 물에 헹궈
밑동을 제거하고 2등분한다.
큰 볼에 양념 재료를 넣어 섞은 다음
얼갈이배추를 넣어 버무린다.

3 쇠고기는 키친타월로 감싸 핏물을 제거한 후
한입 크기로 썬다.

4 깊은 냄비를 센 불로 달군 후 식용유를 두르고
쇠고기를 넣어 1분 30초간 볶는다.

5 무를 넣고 센 불에서 1분간 볶은 후
얼갈이배추, 양파, 청양고추, 물을 넣는다.
뚜껑을 덮은 채 센 불에서 끓어오르면
중약 불로 줄여 35분간 끓인다.

6 대파를 넣고 뚜껑을 열어 5분간 끓인다.
밥을 넣고 3분간 더 끓인다.

조리시간 · 1시간~1시간 10분
재료 · 2인분

□ 밥 2공기(400g)
□ 쇠고기 등심(척아이롤) 400g
□ 데친 얼갈이배추
　1과 1/5컵(150g)
　★컵대중량 11쪽
□ 무 지름 10cm, 두께 1.5cm
　(150g)
□ 양파 1/2개
□ 대파 30cm
□ 청양고추 1개
□ 식용유 1큰술
□ 물 7컵(1.4ℓ)

양념
□ 다진 청양고추 1개분
□ 고춧가루 2큰술
□ 국간장 2큰술
□ 다진 마늘 1큰술
□ 다진 파 1큰술
□ 고추장 1과 1/2큰술
□ 된장 1큰술
　(집 된장일 경우 1/2큰술)
□ 소금 1작은술

234

독자의 한마디
"맛과 영양을 만족시킨
요리! 양파를 더한 간장 절임을
함께 곁들이니 느끼하지 않고
깔끔했어요. 쌈채소를 준비해서
고기와 함께 쌈을 싸먹어도
좋을 것 같아요."

고기를 푸짐하게 즐길 수 있는

수육전골

1 볼에 양지머리와 사태, 잠길 만큼의 찬물을 부어 1시간 동안 핏물을 뺀다. 냄비에 양지머리와 사태, 국물 재료를 모두 넣고 센 불에서 끓어오르면 약한 불로 줄여 1시간 동안 뭉근히 끓인다. ★ 끓이는 중간중간 거품과 기름을 숟가락 또는 고운 체로 걷어낸다.

2 불을 끄고 재료를 모두 건진 후 양지머리와 사태는 따로 식힌다. 냄비를 그대로 둔 후 위에 떠오르는 기름을 숟가락 또는 고운 체로 걷어낸다. ★ 완성된 국물양은 3컵(600㎖)이며 부족할 경우 물을 더한다.

3 양파는 가늘게 채 썰어 찬물에 10분간 담가 매운맛을 뺀 후 흐르는 물에 헹구고 체에 밭쳐 물기를 뺀다. 부추는 5cm 길이로 썬다.

4 양지머리와 사태는 0.5cm 두께로 결반대 방향으로 썬다. 볼에 양파 간장절임 재료를 넣고 섞은 후 양파를 넣어 버무린다.

5 전골 냄비에 부추를 돌려 담고 양지머리와 사태를 올린 후 ②의 국물을 넣는다.

6 센 불에서 끓어오르면 중간 불로 줄여 소금을 넣고 3분간 끓인다. 양파 간장절임을 곁들인다.

조리시간 · 1시간 10분~20분 (+ 핏물 빼기 1시간)

재료 · 2~3인분

- ☐ 쇠고기 양지머리 300g
- ☐ 쇠고기 사태 300g
- ☐ 양파 1개
- ☐ 부추 2줌(100g)
  ★ 손대중량 11쪽
- ☐ 소금 1작은술

국물

- ☐ 물 5컵(1ℓ)
- ☐ 대파(푸른 부분) 50cm
- ☐ 마늘 4쪽
- ☐ 청주 4큰술
- ☐ 통후추 1작은술(생략 가능)

양파 간장절임

- ☐ 양조간장 3큰술
- ☐ 물 1큰술
- ☐ 식초 1큰술
- ☐ 맛술 1큰술
- ☐ 설탕 1작은술
- ☐ 연겨자(또는 와사비) 1작은술

알아두세요

전골 맛있게 만드는 방법

첫째, 전골은 국물이 맛있어야 한다. 주재료와 잘 어울리는 재료로 국물을 미리 만들어두는 것이 좋다. 둘째, 전골 냄비를 이용하는게 좋다. 그래야 식탁에서 바로 끓여 먹을 때 열전달이 잘 되고, 재료가 고루 익어 제대로 된 전골의 맛을 느낄 수 있다. 셋째, 재료를 비슷한 크기로 손질하는 것이 좋다. 모양도 예쁘고 재료들의 익는 속도가 비슷해 먹기에도 좋다.

236

왕초보 홈파티에서 극찬을 받은
몽골리안 비프

1 쇠고기는 키친타월을 감싸 핏물을 제거한 후
결의 반대 방향으로 5×1cm 크기로 썬다.

2 볼에 쇠고기와 고기 밑간 재료를 넣고
버무려 10분간 재운다.

3 숙주는 흐르는 물에 씻은 후
체에 밭쳐 물기를 뺀다.

4 청경채는 길게 3~4등분하고,
양파는 0.5cm 두께로 채 썬다.

5 달군 팬에 식용유를 두르고
쇠고기를 넣어 센 불에서
2분간 볶는다.

6 청경채, 양파, 숙주, 굴소스를 넣고
센 불에서 1분 30초간 볶는다.

조리시간 · 15~25분
재료 · 2~3인분

- □ 쇠고기 안심 200g
- □ 청경채 3개(120g)
- □ 양파 1/4개
- □ 숙주 2줌(100g)
  ★ 손대중량 11쪽
- □ 식용유 1작은술
- □ 굴소스 1큰술

고기 밑간
- □ 다진 마늘 1/2큰술
- □ 양조간장 1큰술
- □ 청주 1큰술
- □ 굴소스 1/2큰술
- □ 설탕 1작은술

알아두세요
덮밥으로 즐기기
마지막에 물 1/2컵(100㎖)을
넣고 바글바글 끓어오르면
녹말물(감자전분 1작은술
+ 물 1작은술)을 넣어 섞는다.
밥에 올려 덮밥으로 즐긴다.

238

집에서 즐기는 피자 전문점 메뉴
갈릭 스테이크 바게트피자

1 오븐은 180℃(미니 오븐 동일)로 예열한다. 바게트는 모양대로 0.5cm 두께로 썰어 종이 포일을 깐 오븐 팬 위에 올린다.

2 양파와 파프리카는 0.3cm 두께로 가늘게 채 썬다. 마늘은 얇게 편 썰고, 쇠고기는 키친타월로 감싸 핏물을 제거한 후 1.5×4cm 크기, 0.3cm 두께로 썬다.

3 달군 팬에 식용유를 두르고 마늘을 넣는다. 팬을 기울여 불 가까이에 대고 젓가락으로 저어가며 중약 불에서 4~5분간 노릇하게 튀긴 후 마늘만 건져 키친타월에 올려 기름을 뺀다.
★ 적은 양의 기름으로 재료를 튀길 때는 팬을 기울여 불 가까이에 대고 사용한다.

4 ③의 팬에 쇠고기, 양파, 파프리카를 넣어 센 불로 1분, 돈가스 소스를 넣어 2분간 볶는다.

5 ①의 바게트 위에 ④를 나눠 올린 후 피자치즈를 올린다. 180℃(미니 오븐 동일)로 예열한 오븐의 가운데 칸에서 치즈가 노릇하게 익도록 5분간 굽는다.

6 ③의 튀긴 마늘과 다진 파슬리를 뿌린다.

조리시간 · 30~40분
재료 · 2~3인분

- □ 바게트(또는 치아바타)
  지름 5~8cm, 길이 10cm
- □ 쇠고기 안심 150g
- □ 마늘 8쪽
- □ 양파 1/4개
- □ 파프리카 1/3개
  (또는 피망 2/3개)
- □ 식용유 4큰술
- □ 시판 돈가스 소스 4큰술
- □ 슈레드 피자치즈 1컵(100g)
- □ 다진 파슬리 약간(생략 가능)

알아두세요

바게트 대신 또띠야를 이용하려면
또띠야(8인치) 1장에 슈레드 피자치즈 1/4컵(25g)을 골고루 올린 후 또띠야 1장을 겹쳐 올린다. 위에 토핑을 얹고 피자치즈 1컵을 다시 올린 후 180℃(미니 오븐 동일)로 예열된 오븐의 가운데 칸에서 5~7분간 굽는다.

돈가스 소스가 없다면
설탕 1작은술, 양조간장 1과 1/2큰술, 토마토케첩 3큰술을 섞어 대체한다.

독자의 한마디
"무의 모서리를 도려내니
부스러지지 않아 한층 깔끔한
갈비찜이 되었어요.
밥까지 볶아 먹었는데.
볶음밥에 치즈가루를 뿌려
먹어도 맛있답니다. "

갈비의 부드러운 식감을 잘 살린
대구식 매운 갈비찜

1 갈비는 기름기를 제거하고 칼끝으로
살코기의 4~5군데를 콕콕 찔러
칼집을 낸다. 큰 볼에 갈비가 잠기도록
물을 붓고 1시간 두어 핏물을 뺀다.
★ 중간중간 물을 갈아준다.

2 갈비 데칠 물(6컵)을 끓인다.
무는 사방 4cm 크기로 썬 후
칼로 모서리를 둥글게 도려낸다.

3 볼에 양념재료를 넣고 섞는다.
★ 청양고추의 씨까지 넣으면 더욱 매콤하게
즐길 수 있다.

4 ②의 끓는 물에 갈비를 넣어 센 불에서
5분간 데친 뒤 체에 밭쳐 물기를 뺀 후
흐르는 물에 갈비의 불순물을 깨끗이 씻는다.

5 ④의 냄비를 씻어 데친 갈비, 향신 재료,
무, 물 4컵(800mℓ)을 넣어 센 불에서
끓어오르면 중간 불로 줄인 후 20분간 끓인다.
국물 3컵(600mℓ)을 덜어 두고 체에 밭쳐
갈비, 무와 함께 냄비에 다시 담는다.

6 양념 1/2분량을 넣고 섞은 후 센 불에서
끓어오르면 약한 불로 줄이고 뚜껑을 덮어
20분간 끓인다.
남은 양념 1/2분량을 넣어 약한 불에서
25~30분간 조린다.

**조리시간 · 1시간 20분~30분
(+ 갈비 핏물 빼기 1시간)**

재료 · 3~4인분

□ 소갈비 1kg
□ 무 지름 10cm, 두께 3cm
　(300g)
□ 물 4컵(800mℓ)

향신 재료

□ 대파(푸른 부분) 40cm
□ 청양고추(또는 마른 고추) 1개
□ 마늘 3쪽
□ 통후추 1/2작은술(생략 가능)

양념

□ 다진 청양고추 3개분
　(기호에 따라 가감)
□ 다진 마늘 10큰술
□ 다진 파(흰 부분) 3큰술
□ 설탕 3큰술
□ 고춧가루 3큰술
□ 양조간장 4큰술
□ 청주 1큰술
□ 배 간 것
　(또는 파인애플 간 것) 3큰술
□ 고추장 4큰술

알아두세요

양념에 밥 볶아 먹기
따뜻한 밥 1공기(200g),
양념 1/2컵(기호에 따라 가감),
다진 양파 3큰술,
다진 당근 3큰술, 김가루 3큰술,
참기름 1큰술을 넣어 섞는다.
중간 불에서 3~4분간 볶는다.
밥이 팬에 눌어붙도록 해서
먹으면 더 맛있다.

독자의 한마디
"조리 과정은 간단하지만
완성 요리는 근사해
연말 파티 요리로 제격이에요.
특히 와인과 잘 어울릴 것
같아요."

고급 레스토랑 부럽지 않게 폼 나는
발사믹 등갈비조림

1 등갈비는 흐르는 물에 씻은 후 냄비에 넣어
  잠길 만큼의 물을 담고 30분간 핏물을 뺀 다음
  체에 밭쳐 물기를 뺀다.

2 냄비에 양념을 제외한 모든 재료를 넣는다.

3 센 불에서 끓어오르면 중간 불로 줄여
  핏기가 없어질 때까지 15분간 삶는다.

4 등갈비는 건져 체에 밭쳐 찬물에 헹궈
  그대로 물기를 뺀 다음 1~3마디씩 썬다.

5 ③의 냄비를 닦고 양념 재료와 등갈비를 넣고
  센 불에서 끓어오르면 중약 불로 줄여
  양념을 끼얹어가며 자작하게 남을 때까지
  13~15분간 조린다.

조리시간 · 40~50분
(+ 등갈비 핏물 빼기 30분)
재료 · 3~4인분

☐ 돼지고기 등갈비(구이용)
  500g
☐ 마늘 5쪽
☐ 말린 월계수잎 3장
☐ 통후추 1큰술
☐ 물 7컵(1.4ℓ)

양념
☐ 다진 마늘 3큰술
☐ 발사믹 식초 5큰술
☐ 청주 3큰술
☐ 양조간장 2큰술
☐ 시판 돈가스 소스 2큰술
☐ 올리고당 5큰술
☐ 올리브유 2큰술
☐ 후춧가루 1/2작은술
☐ 물 3/4컵(150㎖)

알아두세요
돈가스 소스가 없다면
설탕 1작은술,
양조간장 1과 1/2큰술,
토마토케첩 3큰술을
섞어 대체한다.

독자의 한마디

"집에서 이렇게 맛있는
감자탕을 만들 수 있다니!
비 오는 날, 청양고추를 더해
칼칼하게 먹으면 좋겠어요.
안주로도
안성맞춤이고요."

사 먹는 것보다 더 맛있는
등갈비 묵은지감자탕

1 냄비에 등갈비 데치는 물 재료를 넣고 끓인다.
등갈비는 2~3마디씩 썬 후 흐르는 물에
헹군다.

2 묵은지는 흐르는 물에 씻은 후 물기를 꼭 짠다.
감자는 4등분하고, 깻잎은 2cm 폭으로 썬다.
대파와 청양고추는 어슷 썰고, 팽이버섯은
밑동을 제거한 후 가닥가닥 뜯는다.

3 볼에 양념 재료를 넣어 골고루 섞는다.

4 ①의 끓는 물에 등갈비를 넣고 센 불에서
5분간 데친 후 체에 밭친다.

5 냄비에 물, 등갈비, 묵은지,
감자, 양념을 넣어 센 불에서 끓어오르면
중간 불로 줄여 뚜껑을 덮고 30분간
푹 끓인 후 약한 불로 줄여 30분간 더 끓인다.

6 들깻가루를 넣고 센 불로 올려 끓어오르면
깻잎, 대파, 청양고추, 팽이버섯을 넣고
불을 끈다.

조리시간 · 1시간 20분~25분
재료 · 2~3인분

□ 돼지고기 등갈비 500g
□ 묵은지 1과 2/3컵
　　(또는 익은 배추김치, 250g)
□ 감자 2개(400g)
□ 깻잎 25장
□ 대파(흰 부분) 20cm
□ 청양고추 1개
□ 팽이버섯 2줌(100g)
　★손대중량 11쪽
□ 들깻가루 6큰술
□ 물 10컵(2ℓ)

등갈비 데치는 물
□ 생강 2톨(마늘 크기, 10g)
□ 마늘 3쪽(15g)
□ 청주 2큰술
□ 물 6컵(1.2ℓ)

양념
□ 고춧가루 5큰술
□ 국간장 2큰술
□ 청주 2큰술
□ 다진 마늘 2큰술
□ 된장 2큰술
　　(집 된장일 경우 1큰술)
□ 후춧가루 약간

알아두세요
겉들임 양념장 만들기
채 썬 양파 1/4개, 물 2큰술,
양조간장 1큰술, 올리고당
1큰술, 식초 2작은술, 연겨자
1작은술, 후춧가루 약간을 섞어
양념장을 만든 후 등갈비를
찍어 먹으면 맛있다.
수제비를 넣어 먹으려면
건더기를 다 먹은 후
시판 수제비를 넣어 포장지에
적힌 시간대로 익힌다. 이 때
간이 짤 경우 물 1/4컵(50㎖)씩
넣어가며 간을 조절한다.

독자의 한마디
"냉장고 속 신김치를
활용하기에 좋은 메뉴예요.
김치와 고기는 레시피대로
썰어야 속까지 잘
익는답니다."

왕초보 홈파티에서 강력 추천 메뉴로 뽑힌
신김치 탕수육

1 배추김치는 흐르는 물에 헹군 다음
물기를 꼭 짠 후 1×1cm 크기로 썬다.
1/3분량(줄기 부분)은 따로 덜어둔다.

2 돼지고기는 키친타월로 감싸 핏물을
제거한 후 사방 1cm 크기로 썬 다음
큰 볼에 김치 2/3분량, 소금,
후춧가루와 함께 버무려 10분간 둔다.

3 양파, 파프리카는 2×2cm 크기로 썰고,
고추는 송송 썬다. ②의 볼에
튀김 반죽 재료를 넣고 잘 섞는다.

4 깊은 팬에 식용유 1컵(200㎖)을 붓고 180℃
(튀김옷을 넣었을 때 중간 정도 내려갔다가
떠오르는 정도)가 되도록 중간 불에서 끓인다.
③의 반죽을 숟가락을 이용해 한입 크기로
넣고 중약 불로 줄여 앞뒤로 각각 2분씩
튀긴다. 체에 밭쳐 기름기를 뺀다.

5 냄비에 소스 재료를 넣고 중약 불에서
가장자리가 끓어오르면 ①의 김치 1/3분량,
양파, 파프리카, 고추를 넣고 1분간 끓인다.

6 녹말물(넣기 전에 한 번 더 섞을 것)을 넣고
30초간 잘 저은 후 불을 끄고 ④에 곁들인다.

조리시간 · 30~40분
재료 · 3~4인분

□ 익은 배추김치 2컵(300g)
□ 돼지고기 안심
    (또는 닭안심, 닭가슴살) 200g
□ 양파 1/4개
□ 파프리카 1/10개
    (또는 피망 1/5개)
□ 풋고추 1개
□ 홍고추 1개
□ 소금 1/3작은술
□ 후춧가루 1/4작은술
□ 식용유 1컵(200㎖)
□ 녹말물(감자전분 2큰술 +
    물 2큰술)

튀김 반죽
□ 달걀 1개
□ 감자전분 1컵(150g)
□ 물 1/4컵(50㎖)

소스
□ 설탕 6큰술
□ 식초 4큰술
□ 양조간장 2큰술
□ 물 1/2컵(100㎖)

알아두세요
매콤하게 즐기기
취향에 따라 반죽에
청양고추 1개를 송송 썰어
넣어도 좋다.
덜 익은 김치 사용하기
요리에 활용할 배추김치를
덜어 밀폐용기에 담아 실온에
1~2일간 두었다가 사용한다.

아이들과 함께 먹기에도 좋은
김치 제육덮밥

조리시간 · 20~30분
재료 · 2인분

☐ 따뜻한 밥 2공기(400g)
☐ 돼지고기 목살 300g
☐ 익은 배추김치 1컵(150g)
☐ 양파 1/3개
☐ 김칫국물 1/2컵
　(100㎖)
☐ 설탕 1작은술(김치의
　신맛에 따라 가감)
☐ 식용유 1큰술

고기 밑간

☐ 고춧가루 1큰술
☐ 맛술 1큰술
☐ 다진 마늘 1큰술
☐ 된장 1큰술(집 된장의
　경우 1/2큰술)
☐ 고추장 1큰술
☐ 후춧가루 약간
☐ 물 1/4컵(50㎖)

1 돼지고기는 길게 1cm 두께로 채 썬 후 볼에
고기 밑간 재료와 함께 넣고 버무려 10분간 재운다.

2 양파는 1cm 두께로 채 썬다.
김치는 양념을 털어내고 1cm 폭으로 썬다.

3 달군 팬에 식용유를 두른 후 돼지고기를 넣고 센 불에서
2분간 볶는다.

4 김치, 양파, 김칫국물, 설탕을 넣고 중간 불로 줄여
3분간 볶는다.

5 2개의 그릇에 밥과 ④를 나눠 담는다.

입맛에 맞는 소스를 고를 수 있어 더 좋은
돈가스 샐러드 + 유자 양파 또는 깨 간장 드레싱

조리시간 · 15~25분
재료 · 2인분

□ 시판 돈가스 2장(200g)
□ 양상추 4장
  (손바닥 크기, 60g)
□ 로메인 3장(손바닥 크기,
  또는 양상추, 30g)
□ 방울토마토 8개
□ 식용유 1과 1/2컵(600㎖)

선택 1_ 유자 양파 드레싱
□ 다진 양파 2큰술
□ 레몬즙 4큰술
□ 유자청 4큰술
  (시럽 2큰술 +
  건더기 2큰술)

□ 포도씨유(또는 카놀라유,
  올리브유) 2큰술
□ 소금 1작은술

선택 2_ 깨 간장 드레싱
□ 다진 양파 2큰술
□ 통깨 2큰술
□ 설탕 1/2큰술
□ 레몬즙 2큰술
□ 양조간장 1큰술
□ 맛술 1큰술
□ 참기름 1큰술

1 달군 팬에 식용유를 붓고 돈가스를 넣어 포장지에 적힌 시간대로 튀긴 후 키친타월 위에 올려 기름을 제거한다.

2 취향에 따라 드레싱을 선택한 후 재료를 모두 넣어 섞는다.

3 양상추와 로메인은 깨끗이 씻어 물기를 탈탈 턴 후 0.5cm 폭으로 채 썬다

4 방울토마토는 꼭지를 떼고 흐르는 물에 씻어 4등분한다.

5 돈가스를 한입 크기로 썬다. 그릇에 돈가스, 양상추, 로메인, 방울토마토를 담고 드레싱을 뿌린다.

250

생채소와 참깨 드레싱을 곁들인
돈가스 쌈

1 양배추와 양파는 가늘게 채 썬다. 양파는 매운맛을 빼기 위해 찬물에 10분간 담갔다가 체에 밭쳐 물기를 없앤다. 어린잎 채소는 깨끗이 씻어 체에 밭쳐 물기를 뺀다.

2 쌈무는 체에 밭쳐 물기를 없앤다. 달군 팬에 또띠야를 올려 중간 불에서 앞뒤로 각각 30초씩 구워 4등분한다.

3 볼에 참깨 드레싱 재료를 넣고 섞는다.

4 파인애플은 잘게 다진다. 볼에 돈가스 소스 재료를 넣고 섞는다.

5 달군 팬에 식용유를 넣고 중간 불에서 30초간 둔 후 돈가스를 넣어 포장지에 적힌 시간대로 튀긴 후 키친타월 위에 올려 기름을 제거한 뒤 2cm 두께로 썬다. 그릇에 ①의 양배추, 양파, 어린잎 채소를 담고 참깨 드레싱을 뿌린다. 돈가스와 쌈무, 또띠야도 함께 담고 돈가스 소스를 곁들인다.

조리시간 · 20~30분
재료 · 2인분

□ 시판 돈가스 6장(600g)
□ 양배추 약 6장
  (손바닥 크기, 200g)
□ 양파 1개
□ 어린잎 채소 2줌(40g)
  ★손대중량 11쪽
□ 쌈무 1팩(370g)
□ 또띠야(8인치) 6장
□ 식용유 1/2컵(100㎖)

참깨 드레싱
□ 곱게 간 통깨 4큰술
□ 식초 1과 1/2큰술
□ 사이다 2큰술(생략 가능)
□ 우유 2큰술
□ 마요네즈 4와 1/2큰술
□ 올리고당 1과 1/2큰술
□ 소금 1/2작은술
□ 땅콩버터 2작은술

돈가스 소스
□ 시판 돈가스 소스 1/2컵
□ 파인애플 링
  약 1/2조각(35g)
□ 우유 2큰술
□ 연겨자 1/2작은술

알아두세요
남은 파인애플 활용법
여름밤에 즐기기 좋은 파인애플 막걸리 칵테일을 만들어 보자. 믹서에 사이다 1컵, 파인애플 4쪽을 넣고 곱게 간다. 컵에 붓고 맑은 막걸리 1컵과 레몬즙 1큰술, 꿀 1큰술을 넣고 잘 섞으면 달콤한 파인애플 막걸리 칵테일 완성!

독자의 한마디
"깐풍기를 튀기지 않고,
집에서 만들어 먹을 수 있다니!
닭고기를 튀기지 않아 담백해요.
손님초대요리는 물론
반찬으로도 두루두루
즐길 수 있어요."

튀기지 않아 담백하고 중독성이 강한
매운 깐풍기

1 닭다리살은 2등분한 후 고기 밑간 재료와
함께 넣고 버무려 20분간 재운다.

2 부추는 5cm 길이로 썬다.
청양고추는 어슷 썰고, 마늘은 얇게 편 썬다.

3 작은 볼에 깐풍 소스 재료를 넣고 섞는다.

4 달군 팬에 식용유 1과 1/2큰술을 두른다.
닭다리살을 올려 중약 불에서
3분 30초간 구운 후 뒤집어 2분간 더 굽고
그릇에 덜어둔다.

5 ④의 팬을 닦고 다시 달군 후 식용유 1큰술을
두른다. 마늘을 넣어 중약 불에서 30초,
청양고추와 청양고춧가루를 넣어
30초간 볶다가 깐풍 소스를 넣고
중간 불로 올려 1분 30초간 끓인다.

6 ④의 닭다리살을 넣고 센 불에서
30초간 볶는다. 불을 끄고 부추를 넣은 후
버무린다.

조리시간 · 35~45분
재료 · 2인분
□ 닭다리살 4쪽(약 350g)
□ 부추 2줌(100g)
　★손대중량 11쪽
□ 청양고추 1개
□ 마늘 2쪽
□ 청양고춧가루
　(또는 고춧가루) 1작은술
□ 식용유 1과 1/2큰술 + 1큰술

고기 밑간
□ 감자전분 3큰술
□ 청주 2큰술
□ 소금 1/2작은술
□ 후춧가루 1/5작은술
□ 청양고춧가루
　(또는 고춧가루) 1작은술

깐풍 소스
□ 설탕 2큰술
□ 식초 3큰술
□ 청주 1큰술
□ 양조간장 2큰술

알아두세요
고춧가루는 언제 넣으면 좋을까?
국물 요리를 할 때는 처음부터
고춧가루를 넣어 같이 끓여야
날 냄새가 나지 않는다.
볶음 요리의 경우 고춧가루가 타기
쉬우므로 요리 도중에 넣도록 한다.

청양고춧가루 대체하기
일반 고춧가루에 청양고추 1개를
더 넣으면 청양고춧가루를
넣을 때와 같은 매운맛을 낼 수 있다.

상큼한 유자향이 매력적인
삼겹살구이 샐러드 + 유자 된장 드레싱

조리시간 · 20~30분
재료 · 2인분

□ 삼겹살 2줄(200g)
□ 쌈 채소(치커리, 겨자잎,
　로메인, 적겨자잎,
　비타민 등) 15장

고기 밑간
□ 소금 1/4작은술
□ 후춧가루 약간

유자 된장 드레싱
□ 마늘 2쪽
□ 양파 1/10개
□ 식초 2큰술
□ 유자청 4큰술
□ 된장 1큰술
　(집 된장일 경우 1/2큰술)

1 볼에 삼겹살과 고기 밑간 재료를 넣고 버무려 10분간 둔다.

2 쌈채소는 체에 밭쳐 흐르는 물에 씻은 뒤 물기를 빼고
　한입 크기로 뜯는다.

3 드레싱 재료는 푸드프로세서 또는 믹서기에 넣고 곱게 간다.

4 달군 팬에 삼겹살을 올려 중간 불에서 2분 30초,
　뒤집어 2분간 바삭하게 굽는다.

5 삼겹살은 키친타월에 올려 기름기를 뺀 후
　3cm 폭으로 썬다.

6 그릇에 쌈 채소, 삼겹살을 올린 후 드레싱을 뿌린다.

안주로 만점! 매콤 달콤 새콤한

양념족발

독자의 한마디

"야식하면 빼놓을 수 없는 족발의 새로운 변신! 신선한 채소와 족발을 함께 먹을 수 있어요. 매콤 달콤 새콤한 양념에 밥을 비벼 먹어도 좋답니다."

조리시간 · 10~15분
재료 · 2~3인분

□ 시판 슬라이스 족발 300g
□ 양배추 5장
　(손바닥 크기, 150g)
□ 깻잎 15장
□ 풋고추, 홍고추
　(또는 청양고추) 1개씩
□ 오이 1/2개(100g)

양념

□ 연겨자 1큰술
　(기호에 따라 가감)
□ 올리고당 2큰술
□ 고춧가루 2큰술
□ 식초 2큰술
□ 고추장 1큰술
□ 통깨 1작은술
□ 양조간장 2작은술
□ 참기름 1작은술
□ 사이다 1/4컵(50㎖)
□ 다진 청양고추 1개분
　(기호에 따라 가감)

1 양배추는 1×5cm 크기로 썰고,
깻잎은 1cm 폭으로 채 썬다.

2 풋고추, 홍고추는 어슷 썰고, 오이는 길이로 2등분한 후
0.3cm 두께로 어슷 썬다.

3 큰 볼에 양념 재료 중 연겨자와 올리고당을 먼저 넣어
섞은 후 나머지 재료를 모두 넣어 섞는다.
★ 올리고당과 연겨자를 먼저 섞어야 연겨자가 잘 풀어진다.

4 ③의 볼에 족발, 손질한 채소를 넣고 버무린다.

체중 감량 식단으로 좋은
닭가슴살 숙주볶음

독자의 한마디
"양념이 강하지 않아
재료 각각의 맛을 잘 느낄 수
있었어요. 손질한 재료들을
볶기만 하면 완성!
조리법도 간단해서
무척 마음에 드네요."

조리시간 · 20~30분
재료 · 2~3인분

□ 닭가슴살 1쪽
　（또는 닭안심 4쪽, 100g)
□ 숙주 5줌(250g)
□ 쪽파 2줄기(생략 가능)
□ 식용유 1큰술
□ 다진 마늘 1작은술
□ 참기름 1/2작은술
□ 후춧가루 1/4작은술

양념
□ 설탕 1/2큰술
□ 양조간장 2과 1/2큰술
□ 청주 1큰술
□ 후춧가루 1/4작은술

1 닭가슴살은 반으로 저민 후
1.5cm 두께로 채 썬다.

2 볼에 양념 재료를 넣고
섞는다. 다른 볼에
닭가슴살과 양념의
2/3분량을 넣어 섞은 다음
10분간 재운다.

3 숙주는 체에 밭쳐 흐르는
물에 씻은 후 그대로 물기를
뺀다. 쪽파는 송송 썬다.

4 깊은 팬을 달궈 식용유를
두르고 다진 마늘을 넣어
중약 불에서 30초,
닭가슴살을 넣고 2분간
볶는다.

5 숙주를 넣고 센 불로 올려
1분, ②의 남은 양념을 넣고
30초간 볶는다.

6 쪽파, 참기름, 후춧가루를
넣고 섞은 다음 불을 끈다.

남녀노소 누구나 좋아하는 밥반찬
닭안심 양파볶음

독자의 한마디
"부드러운 닭안심과 양파의
달콤한 맛이 잘 어우러져 누구나
좋아할 메뉴예요. 맥주 안주로도
어울릴 것 같아요. 매콤하게
드시고 싶으면 청양고추를
추가하세요. "

조리시간 · 20~30분
재료 · 2~3인분

□ 닭안심 10쪽(또는 닭가슴살
　 2와 1/2쪽, 250g)
□ 양파 1개
□ 식용유 1큰술

고기 밑간
□ 청주 2큰술
□ 소금 1/3작은술
□ 다진 생강 1/2작은술
　 (생략 가능)
□ 후춧가루 약간

양념
□ 양조간장 2큰술
□ 올리고당 1큰술
□ 다진 청양고추 1개분
　 (기호에 따라 가감 또는 생략)

1 　닭안심은 열십(+)자로
　 4등분 한 후
　 고기 밑간 재료와 버무려
　 5분간 재운다.

2 　양파는 1cm 두께로 채 썬다.
　 작은 볼에 양념 재료를 넣어
　 섞는다.

3 　달군 팬에 식용유를 두르고
　 닭안심을 넣어 중간 불에서
　 4분간 볶는다.

4 　양파를 넣고 중간 불에서
　 3분간 볶은 후 양념을 넣어
　 약한 불로 줄여 3분간
　 더 볶는다.

독자의 한마디
"집에 있는 재료와
양념만으로
얼마든지 만들 수 있고
익숙한 맛의 요리라서
좋아요."

집에 있는 양념으로 손쉽게 만드는 이색 카레요리

닭가슴살 잠발라야

1 닭가슴살은 사방 1cm 크기로 썰어
작은 볼에 밑간 재료와 함께 넣고
버무린 후 10분간 둔다.

2 양파, 피망은 1×1cm 크기로 썬다.
작은 볼에 양념 재료를 넣고 섞는다.

3 깊은 팬을 달궈 식용유를 두르고
닭가슴살을 넣어 중간 불에서
2분간 볶는다.

4 양파, 피망을 넣고 중간 불에서 1분,
밥과 양념을 넣어 2분간 더 볶은 후 불을 끈다.
★ 찬밥을 사용할 경우 밥과 양념을 넣어
3~4분간 볶는다.

5 참기름을 두르고 골고루 섞는다.

조리시간 · 25~35분
재료 · 2~3인분

☐ 밥 1공기(200g)
☐ 닭가슴살 1쪽(100g)
☐ 양파 1/2개
☐ 피망 1개
　(또는 파프리카 1/2개)
☐ 식용유 2큰술
☐ 참기름 1작은술

고기 밑간
☐ 청주 1큰술
☐ 다진 마늘 1작은술
☐ 소금 약간
☐ 후춧가루 약간

양념
☐ 카레가루 2와 1/2큰술
☐ 고춧가루 1/2큰술
☐ 소금 1/3작은술
☐ 후춧가루 약간

│ 알아두세요

잠발라야(Jambalaya)
고기, 채소, 각종 향신료를 더해
만드는 쌀 요리.
스페인과 프랑스 요리의 영향을
받아 탄생한 미국 남부 지방의
대표 음식이다.

아이용으로 만들기
양념에서 고춧가루를 생략하고,
과정 ⑤에서 견과류(땅콩, 아몬드
등) 2큰술을 굵게 다져 참기름과
함께 넣어 섞는다.

독자의 한마디
"조리 과정이 다소
복잡하지만, 특별한 샌드위치
를 원한다면 놓치지 마세요.
남자친구를 위해
멋지게 만들어 주고
싶네요."

레몬의 상큼함을 가득 담은 카페 샌드위치

레몬 치킨샌드위치

1 냄비에 닭가슴살 삶는 물 재료를 넣어
센 불에서 끓어오르면 닭가슴살을 넣고
중간 불에서 15분간 삶는다.
닭가슴살은 체에 건져 물기를 뺀다.

2 토마토는 0.5cm 두께로 모양대로 썰어
키친타월에 올려 물기를 뺀다.
양상추는 체에 밭쳐 흐르는 물에 씻은 후
그대로 물기를 뺀다.

3 레몬은 굵은 소금으로 껍질을 문질러 씻은 후
필러를 사용해 노란색의 껍질을 벗긴다.
벗긴 껍질은 곱게 다지고, 레몬은 반으로 썬 뒤
즙을 짠다.

4 양파는 잘게 다지고, 쪽파는 송송 썬다.
닭가슴살은 사방 1cm 크기로 썬다.
큰 볼에 ③의 레몬 껍질, 레몬즙 2작은술,
나머지 스프레드 재료를 넣고 골고루 섞는다.

5 달군 팬에 식빵을 올려 중약 불에서
앞뒤로 각가 1분 30초씩 노릇하게 구워
덜어둔다. 팬을 닦고 다시 달궈 베이컨을 넣어
중간 불에서 앞뒤로 각각 1분 30초씩 구워
키친타월에 올려둔다.

6 모든 식빵의 한쪽 면에 가염 버터를
1/2큰술씩 골고루 펴 바른다.
2개의 식빵 위에 양상추, 토마토, 베이컨 순서로
1/2분량씩을 나눠 올린 뒤 후춧가루를 뿌린다.
스프레드 1/2분량씩을 1cm 두께로
펴 올린 다음 남은 식빵으로 덮는다.

조리시간 · 40~50분
재료 · 2인분

- 식빵 4쪽
- 닭가슴살 1쪽(100g)
- 토마토 1/2개
- 양상추 2장(손바닥 크기, 30g)
- 베이컨 4줄(60g)
- 실온에 둔 가염 버터 2큰술
- 후춧가루 약간

닭가슴살 삶는 물

- 물 3컵(600㎖)
- 양파 1/4개
- 마늘 2쪽
- 생강 1톨(마늘 크기, 5g)

스프레드

- 레몬 1개
- 양파 1/6개
- 쪽파 2줄기
- 파마산 치즈가루 1큰술
- 마요네즈 4큰술
- 후춧가루 1/4작은술

알아두세요
남은 양상추 보관하기
수분이 많은 양상추는
마르지 않도록 랩으로
감싼 후 위생팩에 담아 냉장실에
넣어두면 2~3일간 보관이
가능하다. 시들해진 잎을 떼어
남은 양상추의 겉을 감싸
보관하면 더욱 오래 보관할 수
있다.

반찬으로 활용해도 좋은
영양부추 닭갈비덮밥

독자의 한마디
"닭갈비를 쉽고 간단히
조리해 먹을 수 있다니
신나요. 덮밥으로 먹어도
맛있고 닭갈비만 반찬으로
활용해도 좋아요."

조리시간 · 20~30분
재료 · 2인분

☐ 따뜻한 밥 2공기(400g)
☐ 닭다리살 2쪽(180g)
☐ 양파 1/2개
☐ 영양부추 1/2줌(25g)
☐ 식용유 1큰술
☐ 통깨 약간

양념
☐ 다진 파 1큰술
☐ 양조간장 2큰술
☐ 올리고당 1큰술
☐ 고추장 1큰술
☐ 고춧가루 2작은술
☐ 다진 마늘 1작은술
☐ 참기름 2작은술
☐ 후춧가루 약간

1 닭다리살은 껍질을 벗긴 후
칼끝으로 두꺼운 살 부분에
칼집을 넣고 사방 2cm
크기로 썬다.

2 볼에 양념 재료를 넣고
섞은 후 닭다리살을 넣고
버무려 10분간 재운다.

3 양파는 2×2cm 크기로
썰고, 영양부추는 2cm
길이로 썬다.

4 달군 팬에 식용유를 두르고
닭다리살을 넣어
중간 불에서 2분,
양파를 넣고 중약 불로
줄여 2분 30초간 볶는다.

5 그릇에 밥을 담고 ④의
닭갈비, 영양부추를 올린 후
통깨를 뿌린다.

도시락으로도 활용 만점인
구운 치킨 마요덮밥

독자의 한마디
"닭을 튀기는 대신
팬에 구워 요리 과정이
간단해요. 치킨과 마요네즈가
잘 어우러져 고소하고, 담백한
맛이 좋답니다. 짭조름한
장아찌와 어울려요."

조리시간 · 20~30분
재료 · 2인분
- ☐ 따뜻한 밥 1과 1/2공기(300g)
- ☐ 닭안심 6쪽(150g)
- ☐ 달걀 2개
- ☐ 깻잎 10장
- ☐ 양파 1/4개
- ☐ 구운 김(A4용지 크기) 1장
- ☐ 마요네즈 2큰술
- ☐ 식용유 1작은술

고기 밑간
- ☐ 올리브유 1큰술
- ☐ 소금 1/4작은술
- ☐ 후춧가루 약간

양념
- ☐ 마늘 1쪽
- ☐ 설탕 1/2큰술
- ☐ 양조간장 2큰술
- ☐ 맛술 1큰술

1 닭안심은 고기 밑간 재료에
   버무려 10분간 재운다. 볼에
   달걀을 푼다. 김은 잘게 부순다.
   깻잎과 양파는 채 썰어 찬물에
   10분간 담가둔 후 체에 받쳐
   물기를 뺀다. 마늘은 편 썬다.

2 작은 팬에 양념 재료를 넣고
   센 불에서 끓어오르면 불을 끈다.

3 다른 팬에 식용유를 두르고
   달걀을 넣는다. 중간 불에서
   가장 자리가 익으면 1분간
   젓가락으로 저어가며
   익힌 후 덜어둔다.

4 ③의 팬을 닦고 다시 달궈
   식용유를 두르고 닭안심을 넣어
   중간 불에서 3분간 뒤집어가며
   구운 다음 한입 크기로 썬다.

5 두 개의 그릇에 밥과 모든 재료를
   나눠 올린 후 마요네즈와 양념을
   뿌린다.

독자의 한마디
"든든하면서 속도 편해
점심 도시락으로 딱이랍니다.
국물이 흐를 염려도 없어서
좋아요. 닭가슴살과 채소가
잘 어우러져 건강한 한 끼를
먹은 느낌이에요."

맛과 영양 균형이 딱 맞은 한 끼
데리야키 치킨덮밥

1 청양고추는 반으로 갈라 씨를 빼고,
생강은 껍질을 벗기고 얇게 저민다.
작은 냄비에 데리야키 소스 재료를 넣고
중간 불에서 4분간 졸인 후 불을 끈다.

2 새송이버섯은 열십(+)자로 썬 후
0.5cm 두께로 썬다. 애호박은 길이로
2등분한 후 0.5cm 두께로 썰고,
양파는 0.5cm 두께로 채 썬다.

3 닭가슴살을 칼등으로 두드린 뒤
볼에 고기 밑간 재료를 넣고 버무려
10분간 재운다.

4 달군 팬에 식용유를 두르고 중간 불에서
닭가슴살을 앞뒤로 각각 2분씩 노릇하게
구운 뒤 중약 불로 줄여 앞뒤로 각각 2분씩
더 굽는다. 한 김 식으면 1cm 두께로
어슷 썬다.

5 ④의 팬을 키친타월로 닦아낸 뒤 애호박,
새송이버섯을 올려 소금을 뿌린 후
뒤집어가며 중간 불에서 2분간 노릇하게
구워 덜어둔다. 팬에 양파를 올려 중간 불에서
2분간 볶는다.

6 밥 위에 구운 채소와 닭가슴살을 얹고
쪽파, 데리야키 소스를 뿌려 먹는다.
★ 도시락에 담을 경우 데리야키 소스는
별도 용기에 담아 먹기 전에 뿌린다.

조리시간 · 30~40분
재료 · 1인분

□ 따뜻한 밥 1공기(200g)
□ 닭가슴살 1개(100g)
□ 애호박 1/3개(90g)
□ 새송이버섯 1개(80g)
□ 양파 1/2개
□ 소금 약간
□ 식용유 1큰술
□ 송송 썬 쪽파 1큰술
　 (장식용, 생략 가능)

고기 밑간
□ 소금 약간
□ 후춧가루 약간

데리야키 소스
□ 청양고추 1개
□ 생강 1톨(마늘 크기, 5g)
□ 설탕 1과 1/2큰술
□ 양조간장 3큰술
□ 물 2큰술
□ 맛술 2큰술
□ 레몬즙 1큰술(1/6개분)

알아두세요
닭가슴살 고르기
닭가슴살은 열량은 낮고
단백질이 풍부해 체중 조절을
하는 사람에게 좋다.
광택이 나면서 선홍빛을 띠는
것이 신선한 것. 만졌을 때
끈적끈적 하거나 즙이 나오는
것은 피하자.

독자의 한마디 ↗
"패밀리 레스토랑에
갈 필요가 없어요.
이 메뉴가 있으니까요.
구운 또띠아를 곁들여도
잘 어울려요."

평범한 재료를 고급스럽게 즐기기
닭다리 스테이크와 피망샐러드

1 피망은 4cm 길이, 0.5cm 두께로 채 썬다.
청양고추는 3등분한다. 닭다리살은
칼끝으로 앞뒤로 5~6군데씩 칼집을 낸다.

2 푸드프로세서에 양념 재료를 넣고 곱게 간다.
볼에 닭다리살, 양념 재료를 함께 넣고 버무려
10분간 재운다.

3 다른 볼에 드레싱 재료를 넣어 섞는다.

4 달군 팬에 ①의 피망, 소금을 넣고
센 불에서 3분간 볶은 다음
뜨거울 때 바로 ③의 볼에 넣어 버무린다.

5 ④의 팬을 닦고 중간 불로 다시 달궈
식용유를 두르고 닭다리살의 껍질 부분이
팬에 닿도록 올려 뒤집어가며 14~15분간
굽는다. ★ 남은 양념은 닭다리살을 조릴 때
사용하므로 닭다리살만 팬에 올린다.
이 때 기름이 많이 튈 수 있으니 주의한다.

6 남은 양념을 넣고 센 불로 올려 끓어오르면
중간 불로 줄여 양념을 끼얹어가며 2분간
조린다. 닭다리살은 먹기 좋게 썰어
그릇에 담고 ④의 피망샐러드를 곁들인다.

조리시간 · 35~45분
재료 · 2인분

☐ 닭다리살 4쪽
  (또는 닭가슴살 3쪽, 360g)
☐ 피망 1과 1/2개
  (또는 파프리카 3/4개)
☐ 소금 약간
☐ 식용유 1큰술

양념
☐ 청양고추 2개
  (기호에 따라 가감)
☐ 물 4큰술
☐ 양조간장 2큰술
☐ 맛술 2큰술
☐ 다진 마늘 1작은술

드레싱
☐ 다진 양파 1큰술
☐ 레몬즙(또는 식초)
  1과 1/2작은술
☐ 올리브유 1작은술
☐ 소금 약간
☐ 후춧가루 약간

알아두세요
닭고기 잡내 제거하기
닭고기는 우유에 20분간 재워
잡내를 제거하고 찬물에 씻은 뒤
키친타월로 물기를 제거한다.

보관하기
한 덩어리씩 랩에 싸서 급속
냉동한 다음 지퍼백에 담아
냉동실에 두면 7~10일간 보관이
가능하다. 냉장실에서 해동한 뒤
다양한 요리에 활용한다.

가볍게 끓이는 여름철 보양식
부추 닭곰탕

1 끓는 물(3컵)에 닭고기를 넣어 센 불에서
1분간 데친 후 체에 밭쳐 물기를 뺀다.
★ 닭고기의 잡냄새와 기름을 제거하기 위해
먼저 데친 후 사용한다.

2 ①의 냄비를 씻은 후 데친 닭, 국물 재료를
넣는다. 센 불에서 끓어오르면 뚜껑을 덮고
중약 불로 줄여 40분간 끓인다.

3 부추는 4cm 길이로 썰고,
대파는 송송 썬다.

4 작은 체로 ②의 냄비에서
대파, 마늘, 생강, 통후추를 건져낸다.

5 센 불로 올려 끓어오르면 중간 불로 줄인 후
대파, 소금, 후춧가루를 넣어 1분간 끓인다.

6 볼에 부추 양념 재료를 섞은 후 부추를 넣어
가볍게 버무려 ⑤와 함께 낸다.

조리시간 · 45~55분
재료 · 3~4인분

- □ 닭(볶음탕용) 1kg
- □ 부추 1과 1/2줌(75g)
   ★ 손대중량 11쪽
- □ 대파(흰 부분) 15cm
- □ 소금 1큰술
- □ 후춧가루 약간

국물
- □ 물 7컵(1.4ℓ)
- □ 대파(푸른 부분) 50cm
- □ 마늘 3쪽
- □ 생강 1톨(마늘 크기, 5g)
- □ 통후추 1/2작은술
   (생략 가능)
- □ 소금 1/2작은술

부추 양념
- □ 고춧가루 2큰술
- □ 다진 마늘 1큰술
- □ 다진 파 1/2큰술
- □ 닭국물(또는 물) 2큰술
- □ 멸치액젓
   (또는 까나리액젓) 1큰술
- □ 참기름 1작은술
- □ 소금 약간

알아두세요
부추 양념 따로 곁들이기
기호에 따라 부추를 ⑤번 과정에
넣고 3~5분간 끓인 뒤
부추 양념을 따로 곁들여도 좋다.
기호에 따라 국물에 양념을 더해
먹는다.

270

독자의 한마디
"맵지 않아서 아이들도
잘 먹었어요. 매운맛을 내고
싶으면 청양고추를 더 넣어도
좋을 것 같아요. 당근 대신
감자나 무를 넣어도
맛있을 것 같아요."

닭볶음탕이 누구나 좋아하는 중식 스타일로 변신
짜장찜닭

1 브로콜리 데칠 물(8컵) + 소금(1작은술)을
끓인다. 당근은 2등분한 후 2cm 두께로 썬다.
양파는 2cm 두께로 썰고, 청양고추는 어슷 썬다.
닭은 다리와 가슴 쪽의 살이 많은 부분에 각각
칼집을 2~3군데씩 깊게 넣는다.

2 브로콜리는 한입 크기로 썰어 ①의 끓는 물에
넣고 중간 불에서 30초간 데친 후 찬물에 헹궈
체에 밭쳐 물기를 없앤다. 이 때 물은 계속
끓인다.

3 ②의 끓는 물에 닭과 청주를 넣고 중간 불에서
2분간 데친 후 뜨거운 물로 헹궈 체에 밭친다.
작은 볼에 양념 재료를 넣고 섞는다.

4 깊은 팬(또는 넓은 코팅냄비)을 달군 후
고추기름을 두른다. 다진 마늘을 넣어
중약 불에서 30초, 닭을 넣고 중간 불로 올려
3분간 볶는다.

5 양념의 2/3분량을 넣고 센 불에서
끓어오르면 중간 불로 줄여 뚜껑을 덮어
20분간 끓인다.
★ 냄비에 양념이 눌어붙지 않도록 중간중간
저어준다.

6 당근, 양파, 브로콜리, 남은 양념을 넣고
뚜껑을 덮은 채 5분간 끓인다. 청양고추를
넣고 센 불로 올려 뚜껑을 열고 1분간 끓인다.
★ 냄비의 크기나 불의 세기에 따라 국물의
남는 양이 다를 수 있으니 국물이 많은 경우
뚜껑을 열고 센 불에서 저어가며 바짝 졸인다.

조리시간 · 40~50분
재료 · 3~4인분

☐ 닭(볶음탕용) 1kg
☐ 당근 1/2개(100g)
☐ 양파 1/2개
☐ 브로콜리 1/2개(150g)
☐ 청양고추 1개(생략 가능)
☐ 청주 1큰술
☐ 고추기름 2큰술
☐ 다진 마늘 1큰술

양념

☐ 시판 짜장가루 2와 1/2큰술
☐ 맛술 1큰술
☐ 굴소스 1큰술
☐ 올리고당 2큰술
☐ 물 2컵(400㎖)

알아두세요
남은 브로콜리 보관하기
브로콜리는 한입 크기로 썰어
끓는 물에서 30초간 데친 다음
물기를 제거한다.
금속 쟁반에 담아 냉동한 후
지퍼팩에 옮겨 담아 냉동하면
15일간 보관이 가능하다. 자연
해동한 후 볶음 요리에 활용한다.

Four Seasons

오늘은 또 뭐 해먹지? 고민이라면
냉장고에 늘 있는 두부, 달걀, 콩나물로도 조금 색다른 요리를 만들어볼까요?
늘 하던 그 메뉴가 아니라 새로운 메뉴를 소개하니
오늘은 가족들을 깜짝 놀라게 해보세요.

이 반찬 하나면 밥 한그릇이 뚝딱
멸치 양파 두부조림

1 두부는 열십(+)자로 썰고 3등분한 다음
키친타월로 감싸 물기를 제거한다.

2 양파는 1cm 두께로 채 썬다.
작은 볼에 양념 재료를 넣고 섞는다.

3 약한 불로 달군 팬에 멸치를 넣고
중간 불에서 1분간 볶는다.
체에 담아 부스러기를 제거한다.

4 ③의 팬을 키친타월로 닦고
들기름을 두른다. 센 불로 올려 두부를
넣고 앞뒤로 각각 1분씩 구운 후
그릇에 덜어둔다.

5 ④의 팬에 양파 1/2분량을 바닥에 깔고
멸치를 골고루 넣고 두부를 겹치지 않게
올린다. 다시 남은 양파를 올리고
양념을 넣은 후 센 불에서 끓인다.

6 끓어오르면 뚜껑을 덮고 중간 불로 줄여
5분간 끓인다. 뚜껑을 열고 국물이 거의
졸아들 때까지 양념을 끼얹어가며 5분간
더 조린다.

조리시간 · 30~40분
재료 · 2~3인분

□ 두부 큰 팩 1모(부침용, 300g)
□ 중멸치(볶음용) 1/3컵(15g)
□ 양파 1개
□ 들기름 1큰술

양념
□ 고춧가루 1큰술
□ 다진 마늘 1큰술
□ 맛술 1큰술
□ 멸치액젓(또는 까나리액젓)
    1큰술
□ 들기름 1큰술
□ 양조간장 2작은술
□ 고추장 2작은술
□ 물 1컵(200㎖)

가지각색 버섯을 한 번에 즐길 수 있는
두부 버섯볶음

독자의 한마디
"몸에 좋은 버섯이 듬뿍
들어간 영양 만점 반찬이네요.
두부는 굽기 전에 물기를 완전히
제거해야 구울 때 기름이 튀지
않아요. 밥에 올려 덮밥으로
먹어도 맛있지요."

조리시간 · 20~30분
재료 · 2인분

☐ 두부 작은 팩 1모
　(부침용, 210g)
☐ 모둠 버섯 250g
☐ 양파 1/4개
☐ 피망 1/4개
☐ 소금 1/2작은술
☐ 식용유 1큰술 + 1큰술
☐ 참기름 1작은술
☐ 다진 마늘 1작은술
☐ 양조간장 1큰술
☐ 설탕 1작은술

1 두부는 1cm 두께로 썬 후 키친타월에 올린다.
소금을 뿌려 5분간 둔 후 키친타월로 감싸 물기를 제거한다.

2 버섯은 밑동을 제거하고 모양대로 0.5cm 두께로 썰거나 결대로 가닥가닥 찢는다.

3 양파와 피망은 0.5cm 두께로 채 썬다.

4 달군 팬에 식용유 1큰술을 두르고 두부를 넣어 중간 불에서 3분,
뒤집어 2분간 구운 후 그릇에 덜어둔다.

5 ④의 팬을 키친타월로 닦은 후 식용유 1큰술, 참기름을 두르고 다진 마늘,
양파를 넣어 중약 불에서 1분간 볶는다.

6 버섯, 간장, 설탕을 넣고 중간 불로 올려 1분, 피망을 넣고 30초,
두부를 넣고 30초간 살살 볶는다.

고기구이에 빠질 수 없는
콩나물 파절이

조리시간 · 25~35분
재료 · 2~3인분

□ 콩나물 2줌(100g)
□ 대파 75cm

양념
□ 식초 1큰술
□ 고추장 2큰술
□ 설탕 1작은술
□ 고춧가루 1작은술
□ 다진 마늘 1작은술
□ 양조간장 1/2작은술
□ 참기름 1작은술

1 콩나물 데칠 물(3컵) + 소금(1작은술)을 끓인다.
대파는 5cm 길이로 썰고 다시 0.3cm 두께로 가늘게 채 썬다.

2 큰 볼에 대파가 잠길 만큼의 찬물을 넣고 바락바락 주무른다.
2~3번 헹군 후 찬물에 담가 10분간 둔 다음 체에 밭쳐 탈탈 털어 물기를 제거한다.

3 콩나물은 체에 밭쳐 흐르는 물에 씻은 후 물기를 뺀다.

4 ①의 끓는 물에 콩나물을 넣고 중간 불에서 2분 30초간 데친다.
체에 밭쳐 넓게 펼쳐 그대로 한 김 식힌다.

5 큰 볼에 양념 재료를 넣고 섞은 다음 콩나물, 대파를 넣어 골고루 무친다.

통조림 햄을 이용한
파채무침을 곁들인 햄구이

조리시간 · 10~20분
재료 · 2인분

□ 통조림 햄 1캔
　(마일드, 200g)
□ 시판 대파채 100g

파채 양념
□ 올리고당 2큰술
□ 연겨자 1작은술
□ 식초 2큰술
□ 양조간장 1작은술

1　큰 볼에 대파가 잠길 만큼의 찬물을 넣고 바락바락 주무른다.
　2~3번 헹군 후 찬물에 담가 10분간 둔 다음 체에 밭쳐 탈탈 털어 물기를 제거한다.

2　통조림 햄은 0.5cm 두께로 썬다.

3　달군 팬에 통조림 햄을 올려 중간 불에서 1분 30초,
　뒤집어 1분간 노릇하게 굽는다.

4　큰 볼에 파채 양념의 올리고당과 연겨자를 먼저 섞은 후 나머지 재료를 넣어 섞는다.
　대파채를 넣고 살살 버무린 후 구운 통조림 햄에 곁들인다.

아이들도 좋아하는 쫄깃한 별미
마늘 골뱅이볶음

독자의 한마디
"매콥하게만 먹던
골뱅이의 깔끔하고 쫄깃한
맛을 느낄 수 있었던 메뉴예요.
술안주로도 딱 좋아서
불금 메뉴로
찜했답니다."

조리시간 · 10~20분
재료 · 2인분

☐ 골뱅이 통조림 1캔
　(작은 것, 235g)
☐ 마늘 20쪽
☐ 양파 1/4개
☐ 깻잎 10장
☐ 청양고추 1개(생략 가능)
☐ 식용유 1큰술
☐ 소금 약간
☐ 통깨 약간(생략 가능)

양념

☐ 청주 2큰술
☐ 골뱅이 통조림 국물
　1큰술
☐ 후춧가루 1/4작은술
☐ 양조간장 1작은술

1 마늘은 2~3등분하고, 양파는 3×3cm 크기로 썬다.
깻잎은 돌돌 말아 0.5cm 두께로 채 썰고, 청양고추는
송송 썬다.

2 골뱅이는 양념에 쓸 국물 1큰술을 덜어두고 체에 밭쳐
물기를 뺀다. 크기에 따라 2등분한다.

3 달군 팬에 식용유를 두르고 마늘을 넣어 중약 불에서 2분,
양파를 넣고 중간 불로 올려 1분간 볶는다.

4 골뱅이와 양념을 넣고 중간 불에서 2분, 청양고추와
소금을 넣어 30초간 볶는다. 깻잎을 넣고 가볍게 섞은 후
불을 끄고 통깨를 뿌린다.

독자의 한마디
"완성 요리가 제법
근사해서 마음에 들었어요.
김치만 곁들이면 간단한
식사로 즐기기에
딱 좋지요."

중국식 게살수프를 새롭게 변형한

게살 달걀덮밥

1 게맛살은 결대로 얇게 찢는다.
팽이버섯은 밑동을 제거하고 2등분한다.

2 대파의 흰 부분은 0.3cm 두께로 채 썰고,
푸른 부분은 송송 썬다.
달걀은 흰자와 노른자를 분리한다.

3 깊은 팬을 중약 불로 달궈 식용유를 두르고
다진 마늘과 대파 흰 부분을 넣어 30초,
게맛살, 팽이버섯을 넣고 센 불로 올려
1분간 볶는다.

4 물 2컵(400㎖)을 넣고 센 불에서
5분간 끓인다.

5 달걀흰자를 풀어 넣고 잘 섞어
중간 불에서 1분간 끓인 후 국간장, 후춧가루,
녹말물(넣기 전에 한 번 더 섞을 것)을 넣고
저어 걸쭉해지면 불을 끈다.

6 2개의 그릇에 밥, ⑤를 나눠 담고
위의 달걀노른자와 대파 푸른 부분을
올린다.

조리시간 · 25~35분
재료 · 2인분

- [ ] 따뜻한 밥 1과 1/2공기
  (300g)
- [ ] 게맛살 4개(짧은 것, 80g)
- [ ] 팽이버섯 1봉(150g)
  ★ 손대중량 11쪽
- [ ] 대파(흰 부분) 5cm
- [ ] 대파(푸른 부분) 5cm
- [ ] 달걀 1개
- [ ] 물 2컵(400㎖)
- [ ] 식용유 2큰술
- [ ] 다진 마늘 1큰술
- [ ] 국간장 1/2큰술
- [ ] 후춧가루 1/4작은술
- [ ] 녹말물(감자전분 2큰술 +
  물 2큰술)

알아두세요
달걀을 분리하는 이유
②의 과정에서 달걀흰자와
노른자를 분리한 이유는 좀 더
깔끔한 요리를 위해서이다.
이 과정이 번거롭다면 분리하지
않고 그대로 사용해도 좋다.

휘리릭 볶아 양파의 건강한 단맛을 잘 살린

달걀볶음을 올린 양파덮밥

조리시간 · 20~30분
재료 · 2인분

- ☐ 따뜻한 밥 2공기(400g)
- ☐ 양파 1과 1/2개
- ☐ 달걀 3개
- ☐ 대파(푸른 부분) 30cm
- ☐ 소금 1/4작은술
- ☐ 식용유 1큰술 + 1과 1/2큰술
- ☐ 다진 마늘 1작은술

양념
- ☐ 고춧가루 1/2큰술
- ☐ 양조간장 1과 1/2큰술
- ☐ 참기름 1작은술

1 양파는 0.3cm 두께로
채 썬다. 대파는 5cm 길이로
썰어 0.5cm 두께로 채 썬다.

2 볼에 달걀, 소금을 넣고
섞는다. 다른 작은 볼에
양념 재료를 넣어 섞는다.

3 달군 팬에 식용유 1큰술을
두르고 ②의 달걀물을 부어
중약 불에서 1분간 그대로
둔다. 주걱으로 저으면서
1분 30초~2분간 익혀
덜어둔다.

4 ③의 팬을 키친타월로 닦고
다시 달궈 식용유
1과 1/2큰술을 두르고,
양파와 대파, 다진 마늘을
넣어 중간 불에서
1분간 볶는다.

5 양념을 넣고 중간 불에서
1분 30초간 더 볶는다.
2개의 그릇에 밥,
스크램블에그, 양파볶음을
나눠 담는다.

밥에 쓱쓱 비벼 먹으면 더욱 맛있는
콩비지 김치찌개

독자의 한마디
"기존의 비지찌개와
다르게 고기 대신 김치를
넣어 깔끔한 맛이 좋네요.
콩비지 본연의 구수한 맛도
더욱 잘 나고요."

조리시간 · 30~40분
재료 · 2~3인분
- □ 콩비지 300g
- □ 익은 배추김치 1컵(150g)
- □ 양파 1/2개
- □ 대파(흰 부분) 15cm
- □ 청양고추 1개
- □ 들기름 1큰술
- □ 다진 마늘 1/2큰술
- □ 고춧가루 2작은술
- □ 국간장 1과 1/2작은술

국물
- □ 물 3컵(600㎖)
- □ 국물용 멸치 25마리
- □ 다시마 5×5cm

1. 냄비에 국물 재료를 넣고 센 불에서 끓어오르면 중약 불로 줄여 5분간 끓인다.

2. 다시마를 건져내고 중약 불에서 10분간 더 끓인 다음 체에 거른다. ★ 완성된 국물의 양은 2컵(400㎖)이며 부족할 경우 물을 더한다.

3. 양파는 채 썰고, 대파와 청양고추는 송송 썬다. 배추김치는 양념을 털고 길이로 2등분한 후 2cm 폭으로 썬다.

4. ②의 냄비를 닦고 다시 달궈 들기름을 두르고 배추김치와 양파를 넣어 중간 불에서 2분간 볶는다.

5. ②의 국물, 콩비지, 다진 마늘을 넣고 센 불에서 끓어오르면 중간 불로 줄여 10분간 끓인다.

6. 대파와 청양고추, 고춧가루, 국간장을 넣고 1분간 더 끓인다.

284

아삭한 김치와 부드러운 순두부의 조화
김치무침 순두부국수

1 냄비에 국물 재료를 넣고 센 불에서
끓어오르면 중약 불로 줄여 5분간 끓인다.
다시마를 건져내고 중약 불에서 10분간 더
끓인 다음 멸치를 건진다.

2 대파는 송송 썬다. 작은 볼에 양념장 재료를
넣고 섞는다. 대파의 1/3분량은 양념장에
넣어 함께 섞는다. 다른 냄비에 소면 삶을
물(10컵)을 끓인다.

3 배추김치는 1×1cm 크기로 썰어
작은 볼에 김치 양념 재료와 함께 담아
버무린다.

4 ①의 냄비에 순두부, ②의 대파를 넣고
중간 불에서 5분간 끓인다.

5 ②의 끓는 물에 소면을 펼쳐 넣고
센 불에서 끓어오르면 찬물(1컵)을 넣고
1분 30초~2분간 삶은 후 체에 밭쳐 찬물에
헹궈 그대로 물기를 뺀다.

6 2개의 그릇에 소면, ④의 순두부 국물,
③의 김치를 1/2분량씩 나눠 담고
양념장을 곁들인다.

조리시간 · 30~40분
재료 · 2~3인분

☐ 소면 2줌(140g)
　★ 손대중량 11쪽
☐ 순두부 1봉(또는 연두부,
　 찌개용 두부, 350g)
☐ 배추김치 1컵(150g)
☐ 대파(흰 부분) 15cm
☐ 국간장 1/2큰술

국물
☐ 물 6컵(1.2ℓ)
☐ 국물용 멸치 20마리
☐ 다시마 5×5cm 2장

김치 양념
☐ 설탕 1/2큰술
☐ 참기름 1/2큰술

양념장
☐ 다진 청양고추 1개분
☐ 설탕 1/2큰술
☐ 고춧가루 1큰술
☐ 양조간장 2큰술
☐ 국간장 1큰술
☐ 물 1큰술
☐ 참기름 1/2큰술
☐ 후춧가루 1/4작은술
☐ 통깨 1/2작은술

독자의 한마디
"김치를 넣어
간단하면서도 색다른 잡채를
완성했어요. 잘 익은 김치를
사용하면 더 맛있게
먹을 수 있답니다."

★ 김밥으로 즐기기

김치로 뚝딱 완성한 간단 잡채
김치 어묵잡채

1 큰 볼에 당면과 잠길 만큼의 찬물을 부어 30분 동안 불린 다음 가위로 2등분한다.

2 당면 데칠 물(5컵)을 끓인다.
대파는 어슷 썬다.
어묵은 2등분한 후 0.5cm 두께로 채 썬다.

3 배추김치는 양념을 털어내고 3등분한 후 0.5cm 폭으로 채 썬다.
큰 볼에 김치, 어묵, 양념 재료를 넣고 섞는다.

4 ②의 끓는 물에 당면을 넣고 중간 불에서 30초간 데친다. 체에 밭쳐 물기를 뺀 후 당면 밑간 재료와 버무린다.

5 달군 팬에 식용유를 두르고 김치 어묵무침을 넣어 중간 불에서 2분간 볶는다
물 1/2컵(100㎖)을 붓고 센 불로 올려 끓어오르면 당면을 넣는다.

6 중약 불로 줄여 국물이 거의 없어질 때까지 2~3분간 볶는다. 불을 끄고 대파, 참기름, 통깨를 넣어 섞는다.

조리시간 · 20~30분
(+ 당면 불리는 시간 30분)
재료 · 2~3인분

- □ 당면 1/2줌(50g)
  - ★ 손대중량 11쪽
- □ 익은 배추김치 1컵(150g)
- □ 사각 어묵 1장
  - (또는 느타리버섯 약 1줌, 50g)
- □ 대파(푸른 부분) 10cm
- □ 식용유 1큰술
- □ 물 1/2컵(100㎖)
- □ 참기름 1작은술
- □ 통깨 1큰술

당면 밑간
- □ 양조간장 1/2작은술
- □ 참기름 1/2작은술
- □ 후춧가루 약간

양념
- □ 설탕 1/2작은술
- □ 다진 마늘 1작은술
- □ 고추장 1작은술

알아두세요
김밥으로 즐기기
따뜻한 밥 1과 1/2공기(300g),
통깨 1과 1/2작은술,
참기름 1과 1/2작은술을 섞는다.
양념 밥 1/3분량을 김밥 김에
올려 2/3지점까지 펼치고
김치 어묵잡채 1/3분량을 올린다.
김의 끝에 물을 묻힌 후 돌돌 만다.
같은 방법으로 2개 더 만들어 한입
크기로 썬다.

**덜 익거나 너무 익은
김치를 쓸 때는**
덜 익은 김치를 사용할 경우 하루
동안 실온에 두었다가 사용하거나,
양념에 식초 1작은술을 더한다.
반대로 많이 익은 김치를 사용할
경우 양념에 설탕 1/2작은술을
더한다.

288

독자의 한마디
"가래떡과 어묵의 변신!
겨울에 즐기기 좋은 요리에요.
청양고추를 생략하고
가래떡과 어묵을 꼬치에 꽂으면
아이들과 먹기에도
좋아요."

가쓰오부시 국물로 감칠맛을 살린
가래떡 어묵전골

1 냄비에 가쓰오부시를 제외한 국물 재료를
모두 넣고 센 불에서 끓어오르면 중약 불로
줄여 5분간 끓인다. 다시마는 건져두고
15분간 더 끓인 후 불을 끄고 가쓰오부시를
넣어 5분간 그대로 둔다.

2 체에 걸러 맛술, 소금, 국간장을 넣어 섞는다.
★ 가쓰오부시를 체에 거를 때 누르게 되면
쓸쓸한 맛이 나므로 그대로 둔다.
완성된 국물의 양은 4컵(800㎖)이며
부족할 경우 물을 더한다.

3 무와 당근은 사방 3cm 크기, 0.5cm 두께로
썬다. 대파와 홍고추, 청양고추는 어슷 썬다.
가쓰오부시 국물을 만든 후 건져두었던
다시마는 열십(+)자로 4등분한다.

4 가래떡은 2cm 두께로 썰고,
어묵은 한입 크기로 썬다.

5 전골 냄비에 무와 당근을 깔고
어묵을 둘러 담은 뒤 가래떡을 가운데 넣고
가쓰오부시 국물을 붓는다. 센 불에서
끓어오르면 중간 불로 줄여 5분간 끓인다.

6 대파, 홍고추, 청양고추, 다시마를 넣고
센 불에서 끓어오르면 불을 끈다.
★ 가쓰오부시 국물 1/4컵(50㎖),
양조간장 1큰술, 와사비 1작은술을 섞어 만든
양념장을 곁들여도 좋다.

조리시간 · 40~45분
재료 · 3~4인분

- □ 가래떡 10cm 3줄
- □ 모둠 어묵 260g
- □ 무 지름 10cm, 두께 2cm
    (200g)
- □ 당근 1/2개
- □ 대파(흰 부분) 15cm
- □ 홍고추 1개(생략 가능)
- □ 청양고추 1개

국물

- □ 가쓰오부시 1컵(5g)
- □ 국물용 멸치 25마리
- □ 다시마 5×5cm 2장
- □ 대파(푸른 부분) 30cm
- □ 물 6컵(1.2ℓ)
- □ 맛술 1큰술
- □ 소금 1작은술
- □ 국간장 1작은술

집에 있는 재료로 뚝딱 만드는

참치 두부두루치기

조리시간 · 20~30분
재료 · 2~3인분

- ☐ 두부 큰 팩 1모(부침용, 300g)
- ☐ 통조림 참치 1캔
   (중간 것, 150g)
- ☐ 양파 1/4개
- ☐ 대파(흰 부분) 10cm
- ☐ 소금 1/2작은술
- ☐ 식용유 1큰술

양념

- ☐ 고춧가루 1큰술
- ☐ 다진 마늘 1큰술
- ☐ 양조간장 1과 1/2큰술
- ☐ 맛술 1큰술
- ☐ 고추장 1과 1/2큰술
- ☐ 물 1컵(200㎖)

독자의 한마디
"집에 늘 있는 흔한 재료를 이용해 언제든 만들 수 있다는 것이 가장 큰 장점이에요. 물론 노력 대비 맛도 훌륭하고요."

1 두부는 길이로 3등분한 후 0.7cm 두께로 먹기 좋게 썬다.

2 키친타월 위에 두부를 펼쳐 올려 앞뒤로 소금을 뿌려 10분간 절인 후 키친타월로 감싸 물기를 없앤다.

3 양파는 1cm 두께로 채 썰고, 대파는 어슷 썬다.

4 작은 볼에 양념 재료를 섞는다. 참치는 체에 밭쳐 기름기를 뺀다.

5 달군 팬에 식용유를 두르고 두부를 넣어 중간 불에서 앞뒤로 각각 1분 30초~2분씩 노릇하게 굽는다.

6 ⑤의 팬에 참치, 양파, 양념을 넣고 센 불에서 끓어오르면 중약 불로 줄여 4분, 대파를 넣고 1분간 더 끓인다.

참치무침을 올려 부드러운 맛을 살린
매운 참치볶음밥

조리시간 · 15~25분
재료 · 2인분

- [ ] 밥 1과 1/2공기(300g)
- [ ] 통조림 참치 1캔
      (중간 것, 150g)
- [ ] 양파 3/4개
- [ ] 피망 1/3개
- [ ] 청양고추 1개
- [ ] 식용유 1큰술
- [ ] 고춧가루 1작은술
- [ ] 소금 1/3작은술
- [ ] 통깨 1작은술
- [ ] 조미 김(A4용지 크기) 1장

양념
- [ ] 고추장 1과 1/2큰술
- [ ] 설탕 1/2작은술
- [ ] 후춧가루 약간
- [ ] 참기름 1작은술

독자의 한마디
"나른한 주말,
아내를 위해 남편도 만들 수
있는 초간단 볶음밥이랍니다.
특별한 재료없이도 참치캔
하나로 영양가있는
메뉴 완성!"

1 참치는 체에 밭쳐 기름기를
   제거하고 양념에 버무린다.

2 양파, 피망은 0.5cm 크기로
   다지고, 청양고추는 송송 썬다.
   김은 가위를 이용해
   1×6cm로 자른다.

3 깊은 팬을 중약 불로 달군 후
   식용유를 두른다.
   고춧가루를 넣고
   중약 불에서 1분간 은근히
   끓여 고추기름을 낸다.

4 중간 불로 올려 양파를
   넣고 30초, 피망, 청양고추,
   소금을 넣고 30초간 볶는다.

5 밥을 넣고 중간 불에서
   1분 30초간 볶은 후
   그릇에 담는다.

6 밥 위에 양념한 참치를 올리고
   김, 통깨를 올린다.

독자의 한마디

"튀김 반죽에 차가운 맥주를 넣고, 농도를 살짝 묽게 하니 한층 가벼우면서도 바삭한 튀김이 되었어요. 화이트 와인과 잘 어울릴 것 같은 메뉴예요."

술안주로 제격인 영국 대표 음식
피쉬 앤 칩스

1 감자는 1cm 두께로 채 썰어 전분이 빠져 나가도록 물에 5분간 담가둔다. 끓는 물(5컵)에 감자를 넣고 8분간 삶아 체에 밭쳐 물기를 뺀다.

2 대구살은 키친타월로 감싸 꼭 눌러 수분을 제거한다. ★ 이 때 수분을 확실히 제거해야 바삭한 튀김을 만들 수 있다.

3 대구살을 4×6cm 크기, 1cm 두께로 썰어 볼에 생선 밑간 재료와 함께 버무려 재운다. 푸드프로세서에 모든 소스 재료를 넣고 간다.

4 깊은 팬에 식용유를 붓고 180℃(감자를 기름에 넣었을 때 바로 올라오는 정도)에서 감자를 넣어 10분간 튀긴 후 건진다. 체에 밭쳐 기름을 제거한 뒤 소금을 뿌린다.

5 볼에 튀김 반죽 재료를 넣어 섞는다. 감자를 다 튀긴 후 대구살에 밀가루 → 튀김 반죽을 묻힌다.

6 ④의 팬을 다시 달궈 180℃로 올린 후 대구살을 넣고 7분간 튀겨 체에 밭쳐 기름기를 뺀다. 감자튀김, 소스와 함께 그릇에 담는다. 먹기 직전 생선튀김에 레몬즙을 짜서 뿌린 다음 소스에 찍어 먹는다.

조리시간 · 45~55분
재료 · 2~3인분

□ 대구살(스테이크용, 흰살생선으로 대체 가능) 2장(320g)
□ 감자 3개(600g)
□ 식용유 3컵(600㎖)
□ 소금 1/2작은술
□ 밀가루 4큰술
□ 레몬 1/2개

생선 밑간
□ 소금 1/2작은술
□ 후춧가루 약간

튀김 반죽
□ 밀가루(박력분 또는 중력분) 1컵(100g)
□ 감자전분 4큰술
□ 소금 1작은술
□ 차가운 맥주 1컵(200㎖)

소스
□ 양파 1/4개
□ 오이 피클 1개(작은 것, 30g)
□ 레몬즙 2큰술(약 1/3개분)
□ 마요네즈 4큰술

알아두세요
바삭하게 튀기기
튀김을 할 때는 먼저 센 불에서 온도를 맞춘 다음 약한 불로 줄여 온도를 유지하도록 한다. 기름에 튀김을 넣을 때 기포가 줄어들거나 튀기는 소리가 줄어든다면 불 세기를 올려 온도를 높여야 바삭한 튀김을 즐길 수 있다.

294

집에서 간편하게 즐기는 태국 대표 면요리
팟타이

1 볼에 쌀국수와 잠길 만큼의 물을 담고
1시간 동안 불린 후 체에 받쳐 물기를 뺀다.
생새우살은 물(4컵)에 10분간 담가 해동한 후
흐르는 물에 헹궈 체에 받쳐 물기를 뺀다.

2 숙주는 체에 받쳐 흐르는 물에 씻은 후
물기를 뺀다. 부추는 4cm 길이로 썬다.

3 달군 팬에 고추기름과 식용유를 두르고
새우를 넣어 센 불에서 1분,
청주를 넣고 30초간 볶는다.
★ 기름이 튈 수 있으니 주의한다.

4 달걀을 넣고 젓가락으로 풀어주며
중간 불에서 30초, 숙주를 넣고 1분간 볶는다.

5 양념을 넣고 중간 불에서 30초,
쌀국수를 넣고 2분간 볶는다.

6 불을 끄고 설탕과 부추를 넣어 섞은 후
그릇에 담고, 다진 땅콩을 뿌린다.

조리시간 · 15~25분
(+ 쌀국수 불리기 1시간)
재료 · 2~3인분

- □ 쌀국수 2와 1/2줌
  (볶음용, 0.5cm 두께, 125g)
  ★ 손대중량 11쪽
- □ 냉동 생새우살 8~10마리
  (킹사이즈, 150g)
- □ 숙주 4와 1/2줌(225g)
  ★ 손대중량 11쪽
- □ 부추 1줌(50g)
  ★ 손대중량 11쪽
- □ 달걀 2개
- □ 고추기름 2큰술
- □ 식용유 1큰술
- □ 청주 1큰술
- □ 설탕 1큰술
- □ 다진 땅콩 2큰술

양념

- □ 멸치액젓
  (또는 까나리액젓) 1큰술
- □ 고추장 1큰술

알아두세요
팟타이(Phat thai)
쌀국수, 숙주, 새우를 넣고
볶은 타이의 대표 음식.

독자의 한마디 ↗

"순대국밥을 집에서
만들 수 있으리라고는
생각해본 적 없는데 사골 국물을
활용해 뚝딱 만들 수 있다니!
요리에 대한 자신감까지
생겼어요."

부추무침으로 순대의 잡내를 잡은
전주식 순대국밥

1 대파와 청양고추는 송송 썰고,
부추는 5cm 길이로,
순대는 1.5cm 두께로 썬다.

2 냄비에 사골 육수와 물을 담고 센 불에서
끓인다. 작은 볼에 양념 재료를 넣고 섞는다.

3 끓어오르면 양념과 순대를 넣고
중간 불에서 2분간 끓인다.
★ 이 때 끓어오르며 생기는 거품은
고운 체 또는 숟가락으로 걷어낸다.

4 밥, 대파, 청양고추를 넣고 센 불에서
1분간 더 끓인 후 불을 끈다.

5 볼에 부추와 부추무침 양념 재료를 넣고
골고루 무친 뒤 순대국밥에 곁들인다.

조리시간 · 20~30분
재료 · 2인분

□ 따뜻한 밥 2공기(400g)
□ 시판 순대 약 3컵(300g)
□ 시판 사골 육수
　 2와 1/2컵(500㎖)
□ 물 1과 1/2컵(300㎖)
□ 대파(흰 부분) 10cm
□ 대파(푸른 부분) 10cm
□ 청양고추 1개
□ 부추 1/2줌(25g)
　★손대중량 11쪽

양념
□ 고춧가루 3큰술
□ 들깻가루 2큰술
□ 다진 마늘 1큰술
□ 소금 1/3작은술
□ 후춧가루 1/3작은술
□ 국간장 1작은술
□ 새우젓 1/2작은술

부추무침 양념
□ 고춧가루 1작은술
□ 참기름 1작은술

알아두세요
순대국밥 깔끔하게 끓이기
순대는 처음부터 같이 넣고 끓이면
순대가 풀어지면서 지저분해지고
국물맛도 텁텁하다. 양념을 넣어
끓인 후 넣거나 순대를 따로 데운
후에 국밥에 올리는 식으로
만드는 것이 좋다.

독자의 한마디
"콩나물을 넣으니
국물이 시원하고, 면과 함께
먹기도 편해요. 면을 넣지 않고
그냥 국으로 먹어도
좋을 것 같아요."

무 대신 콩나물을 넣어 더욱 시원한
어묵 콩나물우동

1 냄비에 국물 재료를 모두 넣고 센 불에서
끓어오르면 중약 불로 줄여 5분간
끓인다. 다시마를 건져내고 중약 불에서
10분간 더 끓인 후 멸치를 건진다.
★ 완성된 국물의 양은 7컵(1.4ℓ)이며
부족할 경우 물을 더한다.

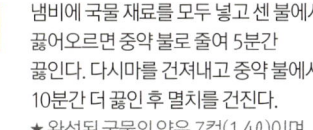

2 양파는 1cm 두께로 썰고,
대파와 청양고추는 어슷 썬다.

3 콩나물은 흐르는 물에 헹궈 체에 밭쳐
물기를 뺀다. 어묵은 한입 크기로 썰어
체에 밭쳐 뜨거운 물(3컵)을 부어
기름기를 제거한다.

4 ①의 국물에 어묵, 양파를 넣고
중간 불에서 끓어오르면 3분간 끓인다.

5 콩나물과 국물 양념을 넣고
센 불에서 끓어오르면 3분간 끓인다.

6 ⑤의 냄비에 우동 면, 대파, 청양고추를 넣고
센 불에서 끓어오르면 1분간 더 끓인다.
★ 우동을 넣은 후에는 면이 풀어질 때까지
휘젓지 않고 가만히 둬야 면이 부서지지
않는다.

조리시간 · 25~35분
재료 · 3~4인분

☐ 우동 면 2봉(420g)
☐ 모둠 어묵 1봉(270g)
☐ 콩나물 4줌(200g)
  ★ 손대중량 11쪽
☐ 양파 1/2개
☐ 대파 10cm
☐ 청양고추 1개
  (생략 가능)

국물
☐ 물 8컵(1.6ℓ)
☐ 국물용 멸치 20마리
☐ 다시마 5×5cm 2장

국물 양념
☐ 굴소스 1과 2/3큰술
☐ 소금 1과 1/2작은술
☐ 다진 마늘 1작은술
☐ 후춧가루 약간

일식집에서 먹었던
뚝배기 김치 알밥

조리시간 · 20~30분
재료 · 1인분

□ 밥 1공기(200g)
□ 배추김치 3/4컵(120g)
□ 날치알 3큰술(30g)
□ 달걀 1개
□ 소금 1/2작은술
□ 쪽파 1줄기
□ 식용유 1큰술 + 1/2큰술
□ 조미 김 약간
□ 참기름 1큰술

양념

□ 설탕 1작은술
□ 다진 마늘 1작은술
□ 참기름 1작은술

1 쪽파는 송송 썰고, 김치는 굵게 다져 양념 재료와 함께 무친다.
볼에 달걀과 소금을 넣고 잘 풀어 달걀물을 만든다.

2 달군 팬에 식용유 1큰술을 두른 후 달걀물을 붓고 중약 불에서 1분간 재빠르게
휘저어 스크램블을 만든 다음 그릇에 덜어둔다.

3 ②의 팬을 키친타월로 닦은 후 김치를 넣고 중약 불에서 2분간 볶는다.

4 뚝배기를 중간 불로 2분간 달군 후 식용유 1/2큰술을 두르고
키친타월로 뚝배기 전체에 펴바른다.
밥을 평평하게 깔고 볶은 김치, 날치알, 달걀 스크램블, 쪽파, 조미 김을 올린다.
참기름을 두르고 불을 끈다.

샐러드와 유부초밥을 동시에 즐기기
샐러드 유부초밥

독자의 한마디
"유부초밥 위에 샐러드를
올려 더욱 상큼한 유부초밥이
되었네요. 많이 담으면 흐를 수
있으니 밥은 유부의 2/3분량만,
샐러드는 적당량을 올려줘야
더욱 깔끔해요."

조리시간 · 20~30분
재료 · 14개분

□ 따뜻한 밥 1괴
　 1/2공기(300g)
□ 시판 초밥 유부
　 14장(160g)
□ 시판 초밥 소스 1봉
□ 시판 조미볶음 1봉
□ 게맛살 2개
　 (짧은 것, 40g)
□ 오이 1/4개(50g)
□ 양파 1/4개
□ 소금 1/3작은술

소 스
□ 마요네즈 4큰술
□ 식초 3작은술
□ 연와사비 1/2작은술
　 (생략 가능)

1　오이와 양파는 0.3cm 두께로 채 썬다
　 게맛살은 결대로 가늘게 찢는다.

2　볼에 오이와 소금을 넣고 10분간 절인 후 체에 밭쳐 물에 헹궈
　 키친타월로 감싸 물기를 꼭 짠다. 양파는 찬물에 10분간 담근 후
　 체에 밭쳐 물기를 뺀다.

3　볼에 게맛살, 오이, 양파, 소스 재료를 넣고 골고루 섞는다.
　 다른 볼에 따뜻한 밥과 초밥 소스, 조미볶음을 넣고 골고루 섞는다.

4　위생장갑을 낀 손으로 유부의 물기를 꽉 짠다.

5　유부가 찢어지지 않도록 살살 유부를 벌려 2/3정도까지
　 ③의 밥을 채워 넣는다.

6　유부초밥 위에 ③의 샐러드를 1/14분량씩 올린다.

독자의 한마디
"알싸한 쪽파와 푸짐한
해물 맛을 함께 느낄 수 있어서
별미였어요. 비 오는 날
생각나는 메뉴. 김치를
종종 썰어 넣어도
좋을 것 같아요."

부산의 대표적인 먹거리
동래 해물파전

1 생새우살은 물(4컵)에 10분간 담가
해동한 후 흐르는 물에 헹궈 체에 밭쳐 물기를
뺀다. 부침용 쪽파는 15cm 길이로 썰고,
양파는 가늘게 채 썬다.

2 양념장용 쪽파와 청양고추는 송송 썬 후
나머지 양념장 재료와 섞는다. 다른 큰 볼에
반죽 재료를 넣고 거품기로 섞는다.
다른 작은 볼에 달걀을 풀어 둔다.

3 오징어는 손질한 후 몸통은 모양대로
가늘게 썰고, 다리는 4cm 길이로 썬다.
생새우살은 반으로 저민다.
★ 오징어 손질하기 14쪽 참고

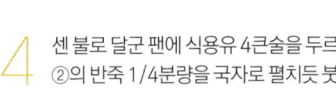

4 센 불로 달군 팬에 식용유 4큰술을 두르고
②의 반죽 1/4분량을 국자로 펼치듯 붓는다.

5 약한 불로 줄인 후 쪽파 1/2분량을 가지런히
펼쳐 올리고 양파, 오징어, 생새우살을
1/2분량씩 올린다.

6 ②의 반죽 1/4분량을 국자로 펼치듯 부은 후
달걀 1/2분량을 고루 붓는다. 중간 불로 올려
4분간 익힌 후 뒤집어 뒤집개로 눌러가며
2분간 더 부친다. 같은 방법으로 1장 더
부친 후 양념장을 곁들인다. ★ 팬의 크기에
따라 나눠 굽거나 식용유가 부족하면 더한다.

조리시간 · 35~45분
재료 · 2개분

□ 쪽파 10줄기(또는 부추)
□ 양파 1/4개
□ 오징어 1마리
　(270g, 손질 후180g)
□ 냉동 생새우살
　8~10마리(100g)
□ 달걀 2개
□ 식용유 8큰술

반죽
□ 부침가루 1과 1/2컵
　(150g)
□ 시판 찹쌀가루 1/3컵(40g)
□ 물 1과 1/2컵(300㎖)
□ 소금 1작은술

양념장
□ 쪽파 3줄기
　(또는 부추, 대파)
□ 청양고추 1개
□ 통깨 1/2큰술
□ 식초 1과 1/2큰술
□ 양조간장 1과 1/2큰술
□ 맛술 1과 1/2큰술
□ 설탕 1/2작은술

알아두세요
더 간편하게 만들기
쪽파를 4cm 길이로 썬 후
반죽에 양파, 오징어, 생새우살,
달걀을 함께 섞어 부친다.

바삭한 파전을 원한다면
찹쌀가루 대신 동량의
부침가루나 튀김가루를 넣으면
바삭한 식감을 살릴 수 있다.

Index

메뉴 개발 & 요리책 전문 출판사 레시피팩토리

레시피팩토리의 요리책은 식품과 요리 전문가들이 철저한 검증을 통해 만들어 믿고 따라 할 수 있습니다.
앞으로도 꼼꼼한 편집, 아름다운 비주얼을 바탕으로 소장 가치 높은 요리책을 위해 더욱 노력하겠습니다.

홈페이지 www.recipe-factory.co.kr
카카오스토리, 페이스북 레시피팩토리 everyday!
인스타그램 super_recipe, thelight＿＿＿＿(언더바 4개)
카카오톡 수퍼레시피

Magazine

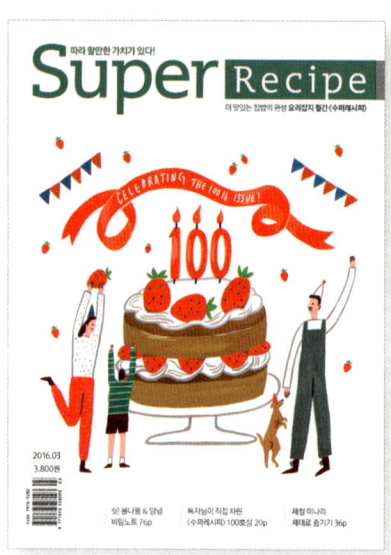

더 맛있는 집밥의 완성 **월간 〈수퍼레시피〉**

내부 테스트 쿡들의 실험 조리와 개발,
독자들의 검증을 거쳐 왕초보도 따라 하면 성공할 수 있는
정확하고 실용적이고 맛있는 집밥 레시피를 담았습니다.

애독자 카페 cafe.naver.com/superecipe

더 가볍고 건강한 식생활 잡지 **월간 〈더 라이트〉**

영양, 조리 전문가들이 현대 영양학에 의거해 개발한,
저칼로리, 영양 밸런스를 맞춘 레시피로
더 가볍고 건강한 식생활을 제안합니다.

애독자 카페 cafe.naver.com/thelightrecipe

진짜 쉽고, 맛있고, 정확한
〈진짜 기본 요리책〉

100가지 샐러드, 100가지 드레싱
**〈샐러드가 필요한 모든 순간
나만의 드레싱이 빛나는 순간〉**

아이 음식과 어른 음식을 한 번에!
**〈2~11세 아이가 있는 집에
딱 좋은 가족밥상〉**

제철 재료로 만든
로푸드 스무디 100가지
〈한 잔이면 충분해! 로푸드 스무디〉

Cook Book

〈나의 보물 레시피〉
독자들께
추천하는 요리책들

실패 걱정 없는
홈메이드 저장식
〈병 속에 담긴 사계절〉

1인 맞춤 레시피를 원한다면?
〈1인 가구 맞춤 요리책〉

집에서 배우는 사계절 문화센터 인기 요리
**〈문화센터 인기 요리 수업
한 권으로 끝내기〉**

사찰음식 연구가 정재덕 셰프의
**〈채식이 맛있어지는
우리집 사찰음식〉**

월간 〈수퍼레시피〉 애독자들이 직접 따라 해보고 고른

나의 보물 레시피 2탄

1판 1쇄 펴낸 날	2016년 2월 25일

편집장	박성주
책임편집	김진희·김유진
메뉴 개발 및 검증	〈수퍼레시피〉 테스트키친팀
아트 디렉터	원유경
디자인	변바희·전아름
사진	이보영·송미성
스타일링	김형님(어시스턴트 임수영)·최새롬·최근희
마케팅	조준호·윤혜영·정미화
영업·관리	염금미·이아름

펴낸이	조준일
펴낸곳	(주)레시피팩토리
주소	서울시 광진구 아차산로 262 B - 306, 903(자양동, 더샵스타시티)
독자센터	1544-7051
팩스	02-534-7019
홈페이지	www.recipe-factory.co.kr
독자카페	cafe.naver.com/superecipe
출판신고	2009년 1월 28일 제25100-2009-000038호

제작·인쇄	(주)대한프린테크

값 16,800원

ISBN 979-11-85473-13-0

소품 협찬
윤현핸즈